谨以此书献给

广大的猕猴桃种植户和

所有关心、关注猕猴桃产业发展的朋友们！

蔡礼鸿简介

蔡礼鸿，1949年生，男，湖北黄陂人，农学博士。1978年考入华中农学院攻读果树专业，1982年本科毕业后留校任教，历任助教、讲师、副教授、教授。2000年研究生毕业于华中农业大学果树学科，获农学博士学位。2010年退休后，任华中农业大学本科教学巡视员、科技咨询专家组成员、规划项目督查评估专家组成员，主持华中农业大学定点扶贫项目“湖北省建始县猕猴桃溃疡病防治对策研究”。

发表有《中国枇杷属种质资源及普通枇杷起源研究》《枇杷属植物等位酶遗传变异及品种基因型指纹》《Allozyme analysis of genetic diversity, genetic structure and interspecific relationship in genus *Eriobotrya.* 》《Allozyme Analysis of Interspecific Relationships and Cultivar Identification in *Eriobotrya.*》《中华人民共和国国家标准GB/T13867-1992鲜枇杷果》《中国果树志枇杷卷》《枇杷学》《枇杷三高栽培技术》《甜樱桃标准化栽培技术》《章文才先生诞辰百年纪念文集》《武昌首义元勋蔡济民将军辛亥百年纪念文集》等论著五十余篇（部）。

发表的研究论文《中国枇杷属种质资源及普通枇杷起源研究》获中国园艺学会主办的《园艺学报》创刊30周年优秀论文评选一等奖（1991），科普读物《甜樱桃标准化栽培技术》获评湖北省优秀科普作品奖（2011），获国家农业部科学技术进步奖三等奖（1992）, 华中农业大学教学质量优秀一等奖（1991、2004），华中农业大学教学质量优秀二等奖（1996、2002、2003），被学校评为“服务新农村建设先进个人”（2009），政协湖北省第九届委员会评为“湖北省优秀政协委员”（2007），湖北省教育工会委员会授予“优秀工会积极分子”(2008), 国家科技部授予“全国优秀科技特派员”（2009）称号等。

●华中农业大学定点扶贫建始县系列技术丛书

猕猴桃实用栽培技术

MIHOUTAO SHIYONG ZAIPEI JISHU

华中农业大学新农村发展研究院
湖北省建始县人民政府
编

蔡礼鸿　主编

中国林业出版社

图书在版编目（CIP）数据

猕猴桃实用栽培技术 / 蔡礼鸿主编；华中农业大学新农村发展研究院，湖北省建始县人民政府编. -- 北京 :中国林业出版社，（2017.1重印）

ISBN 978-7-5038-8398-9

Ⅰ. ①猕… Ⅱ. ①蔡… ②华… ③湖… Ⅲ. ①猕猴桃－果树园艺 Ⅳ. ①S663.4

中国版本图书馆CIP数据核字(2016)第012135号

中国林业出版社 · 环境园林出版分社

出　　版：中国林业出版社（100009 北京西城区刘海胡同 7 号）
电　　话：010 － 83143566
发　　行：中国林业出版社
印　　刷：北京卡乐富印刷有限公司
版　　次：2016 年 4 月第 1 版
印　　次：2017 年 1 月第 2 次印刷
开　　本：889mm × 1194mm　1/16
印　　张：12
字　　数：285 千字
定　　价：59.00 元

编委会 BIANWEIHUI

主　编　蔡礼鸿（华中农业大学）

编　著　（按姓名拼音为序）

蔡礼鸿（华中农业大学）

龚林忠（湖北省农业科学院果树茶叶所）

洪　霓（华中农业大学）

华红霞（华中农业大学）

黄宏文（中国科学院华南植物园）

李才国（湖北省建始县科技局）

刘继红（华中农业大学）

刘开坤（湖北省建始县扶贫开发办公室）

王仁才（湖南农业大学）

肖兴国（中国农业大学）

张祝清（湖北省建始县扶贫开发办公室）

序1 XU YI

在全面建成小康社会进入决胜阶段之际，习近平总书记从战略和全局高度，明确要求到2020年实现“两个确保”：确保农村贫困人口实现脱贫，确保贫困县全部脱贫摘帽。2012年11月国务院扶贫开发领导小组办公室、中共中央组织部、教育部等八部委联合下文安排华中农业大学定点扶贫国家级贫困县建始县。接到任务后，华中农业大学编制《定点扶贫建始县工作规划（2013-2020年）》，建立“校地联动推进、校企合作协同、项目落地引领、首席专家负责”的扶贫工作组织机制。决定将产业精准扶贫作为支持建始县脱贫致富的重要手段，重点扶持当地发展猕猴桃、景阳鸡、魔芋、茶叶等10个重点特色产业。

开对“药方子”，才能拔掉“穷根子”。华中农业大学从2013年开始，针对当地猕猴桃产业发展中出现的问题，安排产业培育专项“建始猕猴桃溃疡病发生状况及对策研究”，以退休教师蔡礼鸿为技术骨干，组织专家团队集中研究和解决建始猕猴桃产业发展中的关键问题，扶持当地猕猴桃产业发展。

自此，蔡礼鸿教授及课题组成员以“敢教日月换新天”的气概和“不破楼兰终不还”的劲头，常年深入到建始猕猴桃种植较为集中的花坪、长梁、红岩寺、三里、茅田、高坪、业州等乡镇实地考察建始猕猴桃产业现状。通过查阅国内外及建始猕猴桃种植文献资料；与本地技术人员、种植大户、企业家交流考证；下到田间地头、车间仓库实地调查，取得了大量第一手资料。并经研究整理，建立了一套适用于建始猕猴桃栽培的简便易行的“傻瓜”技术。依据这一套技术，蔡礼鸿教授常年驻点建始县，持续就猕猴桃产业发展向政府建言献策，协助政府制订产业规划，深入田间地头开展技术指导，建立猕猴桃病害防治规程，研发专用肥料，培训技术骨干，为建始猕猴桃产业发展呕心沥血。三年来，建始县猕猴桃产业有了长足的进步，种植户人心稳定，观念逐步更新，积极实施新技术，种植效益逐年增长。

蔡礼鸿教授在日常积累与思考的基础上，编著完成《猕猴桃实用栽培技术》一书。该书既参考、引用了国内外同仁的研究成果，又有编著者本人常年在建始县开展猕猴桃产业服务所积累的珍贵素材以及几十年开展猕猴桃种植技术研究的心得体会。

该书理论与实践相结合，实用性强，体现了老一辈专家深入产业一线，与生产紧密结合的优良传统，印证了华中农业大学“勤读力耕、立已达人”的淳朴校风。

该书素材丰富，带有浓厚的建始地方特色，体现出老一辈专家坚忍不拔的产业服务劲头和求真务实的科研作风，是华中农业大学科教优势与地方资源优势深度融合的写照，彰显了华中农业大学服务地方经济社会发展的担当精神。

该书是在定点扶贫国家级贫困县建始县的大背景下完成的，体现出老一辈专家恪尽职守，常怀忧民之心、常思富民之策、常尽惠民之力的社会责任感，见证了华中农业大学因地制宜，实施产业精准扶贫的工作力度。

反贫困是古今中外治国理政的一件大事。全面建成小康社会，最艰巨的任务是脱贫攻坚。《猕猴桃实用栽培技术》的编辑出版正是“发展生产脱贫一批”的具体行动。“但愿苍生俱饱暖”，相信有了千千万万本类似《猕猴桃实用栽培技术》这样接地气、直面农民的著作，中国的现代农业一定会更健康地发展，中国的农民一定会更快地脱贫致富，所有贫困地区和贫困人口一定会如期迈入全面小康社会，中华民族伟大复兴的中国梦一定会实现。

是为序！

华中农业大学新农村发展研究院

2015年12月

序2 XU ER

猕猴桃是原产于我国的野生果树，经驯化栽培，成为能大规模商品化生产的新兴水果类型。自20世纪80年代初，我国猕猴桃经过了30年的商品化生产，取得了较好的成绩。

蔡礼鸿教授在日常积累与思考的基础上，编写成《猕猴桃实用栽培技术》一书。该书把与产业发展相关联的生产性问题作为重点，既参考和引用了国内外同仁的研究成果，又融入了他从事果树研究与实践几十年的心得体会。书中大量原生态照片以及有关栽培技术来自他服务湖北建始县猕猴桃产业实践。此书的出版不仅可为猕猴桃相关学术研究提供参考，而且能直面农民，为产业生产提供指导。

蔡礼鸿教授已年逾花甲，退休多年仍坚决响应党中央、国务院号召，参与扶贫攻坚，在建始县实施产业精准扶贫，长年累月颠沛于建始县的山间小道之间，不辞辛劳服务建始猕猴桃等果树产业；工作之余，将自己的心得体会传之于后人。其行为和精神值得传颂。

谨以为序。

华中农业大学校长
中国工程院院士　邓秀新

2015年12月

序3 XU SAN

科教扶贫的代表作

人类知识分为人文和科技两大类，科技在推动经济社会发展上有更重要的作用，这是高尔基等文学家们认可的。2012年，华中农业大学与湖北省建始县人民政府签订校地合作协议，定点帮扶建始八年，进行科教扶贫和智力支持。华中农业大学以蔡礼鸿教授为代表的一批专家，为我们送来的，既有我们急需果腹的科技，也有我们增强营养的人文。

曾有一句话说，钱能解决的问题都不是问题。我们在产业建设过程中，就出现了投入资金也解决不了的问题，如景阳鸡鸡白痢、猕猴桃溃疡病等。这些问题要靠科技攻关才能解决，这本《猕猴桃实用栽培技术》就是在这种情况下产生的。

科技是开启“中国梦”一把至关重要的钥匙，这不仅体现在国家强军大业层面，也体现在农村富民细节层面。可以说，随着华中农业大学的积极支持和推进，科技也正在我县经济社会发展中扮演越来越重要的角色。

我们的美丽乡村建设，需要科技支撑。推进生态文明、建设美丽乡村，不是要回到混沌的原始状态中去，而是要有效利用现代科技手段促进“百姓富、生态美”。农村居民素质的提升，很大程度上也是要提升科技素质，用科技改变生活、发展产业，用科技搞好精准扶贫、精准脱贫。所以，“三农”中生态宜居、生产高效、生活美好都需强化科技支撑。

我们的现代农业发展，要依靠科技创新。现代农业发展的突破口，也应在于先进实用技术的推广、应用和创新。不论是传统产业，还是新兴产业，都是需要科技创新、全面创新。这是我县农业产业实现突破性发展的希望所在，也是保持可持续发展的不二法门。

我们的龙头企业壮大，要依赖协同创新。国家发出了“大众创业、万众创新”的号召，我们各个产业的龙头企业，都要主动联系大专院校、科研院所及基层科技工作者，并依靠他们，大力开展协同创新，抓研发、出成果、见效益，成为科技研发投入主体、技术创新活动主体和成果转化应用主体。

科技，对我们来说是如此的重要。在此，衷心感谢华中农业大学及各位专家教授对建始的厚爱！并希望有更多支持建始县产业发展的科技著作和成果产生；希望大家把这部科教扶贫的代表作推介好、使用好，能让我们的农民受益、农业增收、农村变美。

湖北省建始县人民政府县长　向红林

2015年12月10日

前言 QIANYAN

猕猴桃是猕猴桃科(Actinidiaceae)猕猴桃属(*Actinidia*)植物。李时珍在《本草纲目》中描述："其形如梨，其色如桃，而猕猴喜食，故有此名。"我国是猕猴桃的起源中心，猕猴桃又是古老的孑遗植物，出现于中生代侏罗纪之后至新生代第三纪的中新世之前。我国古籍《诗经》中就有"隰有苌楚，猗傩其枝"的描述，所谓"苌楚"，就是猕猴桃。到了唐代，著名诗人岑参（715–770）已有"中庭井栏上，一架猕猴桃"的诗句。由此可见，我国古人早在距今3 000多年前就已经发现和认识了猕猴桃，其栽培和利用历史也在1 300年以上。

猕猴桃是原产于我国的野生果树，经驯化栽培，成为能大规模商品化生产、经济效益好、生态效益显著的新兴水果品种。这是20世纪利用野生资源造福人类的成功例子之一。据《世界猕猴桃年鉴》(2014)统计，2013年全世界猕猴桃栽培面积约17万公顷，产量190万吨。栽培面积最大的国家为中国，约8万公顷，占总面积的47%；中国产量为58万吨，占总产量的30%。自20世纪80年代初开始，我国猕猴桃栽培业经过了30年的商品化生产（90年代进入快速发展时期）过程。目前，已取得令人瞩目的成绩：栽培面积和产量均跃居世界首位，年创产值超过200亿元，成为我国果业发展中的新亮点。纵向比较，我国猕猴桃产业发展的势头迅猛，但在产业化的发展进程中仍存在品种结构不合理、名牌产品少、栽培植保技术深入研究不够、市场销售体系不健全和贮藏保鲜与加工技术落后等诸多问题。

2012年年底，国务院扶贫开发领导小组办公室、中共中央组织部、教育部等八部委联合出台《关于做好新一轮中央、国家机关和有关单位定点扶贫工作的通知》，其中指定了44所高校参加，安排我校——华中农业大学定点支援鄂西南山区的国家级贫困县建始县。为落实教育部关于做好直属高校定点扶贫工作的意见，学校定点帮扶工作组赴鄂西南山区的国家级贫困县建始县，与该县签订定点扶贫协议。根据协议，学校从2013年开始，将用8年时间，以科教扶贫、产业扶贫和智力扶贫为着力点，支持建始县发展现代农业，为建始脱贫致富提供科教和人才支撑。建始县位于武陵山区，为发展地方经济，县扶贫办等政府单位根据近年猕猴桃市场的形势和当地气候土壤条件，争取并投入大量扶贫资金和其他资金，支持猕猴桃果品生产的发展。2013年4月，针对当地猕猴桃产业发展中出现的问题，建始县扶贫办邀请华中农业大学在猕猴桃方面予以技术支持，华中农业大学则安排猕猴桃专项课题，园艺林学学院组成了由果树系主任刘继红牵头的猕猴桃课题组。

三年来，在华中农业大学有关部门的领导下，在建始县政府及其职能部门和有关单位的支持下，猕猴桃课题组成员多次到省内外进行专项调研，1~2个月赴建始1次，常年深入到猕猴桃种植较为集中的乡镇田间地头实地考察调研建始猕猴桃产业现状，积极向地方政府建言献策，邀请国内外专家实地指导，研制建始猕猴桃专用肥料，尤其是较为深入地对猕猴桃细菌性溃疡病进行了细致的调研和防治试验，并根据建始实际，提出一套简便易行的“傻瓜”技术，多次有针对性地在县城、乡镇、村组对不同人员开展技术培训。

编者现将近三年在建始的所见所闻、所感所悟和历次培训的课件加以梳理，并适当增加若干内容，形成此书。本书内容包括三篇，即上篇，猕猴桃栽培基础知识;中篇，猕猴桃实用栽培技术；下篇，猕猴桃栽培技术的理论知识。本书彩色照片大部分为近年在建始所拍摄，同时本书参考、引用了国内外同仁的研究成果，参考书目详见书末，对这些材料的来源未能逐一注明，在此一并表示衷心的感谢。

本书的编写和出版工作，得到华中农业大学和建始县人民政府及其职能部门和有关单位的大力支持和帮助，得到了“中央高校基本科研业务费专项基金”（项目编号2013PY011）的资助，得到业内同仁和各界朋友的关心和鼓励，在此一并表示衷心的感谢。

编者

2015年12月于华中农业大学

目录 MULU

上篇 猕猴桃栽培基础知识

中篇 猕猴桃实用栽培技术

下篇　猕猴桃栽培技术的理论知识

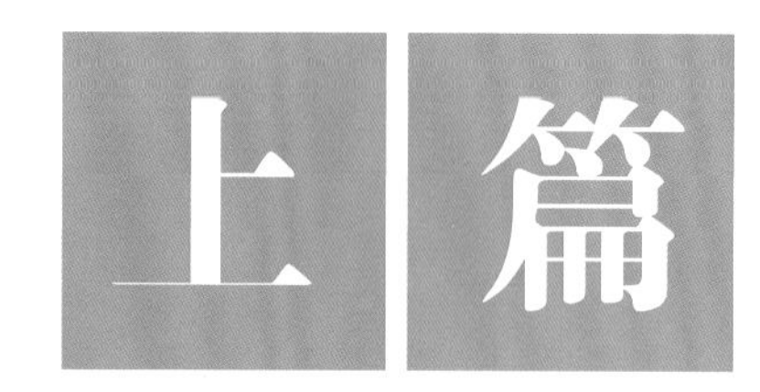

猕猴桃栽培基础知识

MIHOUTAO ZAIPEI JICHU ZHISHI

第一章 国内外猕猴桃产业简况

GUONEIWAI MIHOUTAO CHANYE JIANKUANG

1 猕猴桃产业的发展历史

现代猕猴桃的商业化栽培驯化起源于1904年新西兰女教师伊萨贝尔·弗雷瑟（Isabel Fraser）从湖北宜昌带走一小袋猕猴桃种子到新西兰，并将这些种子辗转交给亚历山大·艾利森（Alexander Allison）。亚历山大将种子培育成树苗。以后，从这批源于中国湖北宜昌的种苗中陆续选育出了‘海沃德’（‘Hayward’）、‘艾利森’（‘Allison’）、‘艾伯特’（‘Abbott’）等品种，且主宰了国际猕猴桃商业化生产70余年。直至20世纪90年代中期，由中国农业部组织全国猕猴桃资源调查，从中选育了一批猕猴桃品种、品系，并开始在我国栽培生产中应用，逐渐改变了世界猕猴桃栽培品种的格局。

E H Wilson.

Isabel Fraser.

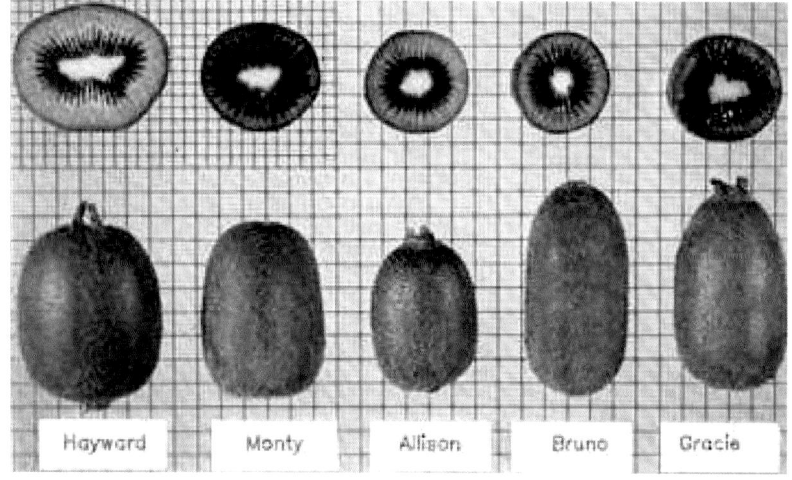

20世纪60年代的品种结构

猕猴桃资源调查

野生群体中筛选的优良单株

1.1 猕猴桃驯化、选育史（新西兰早期驯化选育）

1904 — 1924 年：猕猴桃引种驯化栽培；

1926 年：猕猴桃嫁接苗进入市场；

1930 年：第一个猕猴桃果园建立；

1959 年：新西兰人为开拓美国市场，采用以新西兰人象征意义的基维鸟（Kiwi）命名猕猴桃果——基维果；

20 世纪 70 年代：1973 年后由于出口需求的剧增，猕猴桃栽培出现规模产业化趋势；1980 年‘海沃德’占到 98.5%，形成全球猕猴桃产业的单一品种格局。

1.2 国内（1978－2014年）（20世纪70年代以来资源发掘、选育）

1978 年 8 月，由中国农业部、中国农业科学院主持了全国猕猴桃科研座谈会。

会上成立了全国猕猴桃科研协作组，我国猕猴桃资源的深入系统研究全面展开。

27 个省（自治区、直辖市）完成了猕猴桃资源调查，基本查清了我国猕猴桃资源本底状况。

从野生群体中筛选了 1450 多个优良单株。

成为近代果树品种选育史上大规模立足本土丰富的自然资源，直接从自然分布野生群体中进行品种选育的典型案例。

世界猕猴桃的收获面积（2000-2013）（公顷）

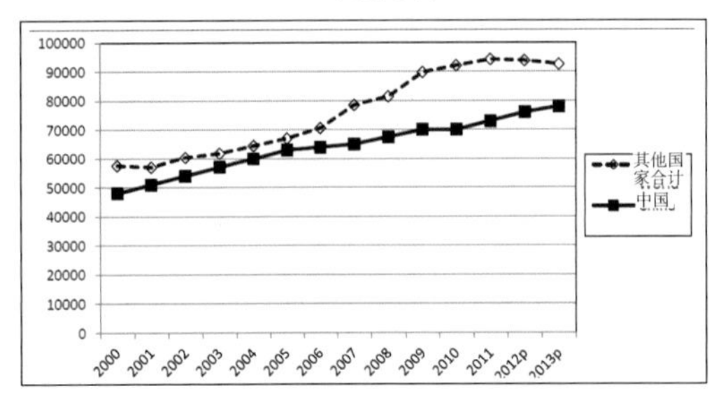

《世界猕猴桃年鉴》，2014

世界猕猴桃产量（2000-2013）（千吨）

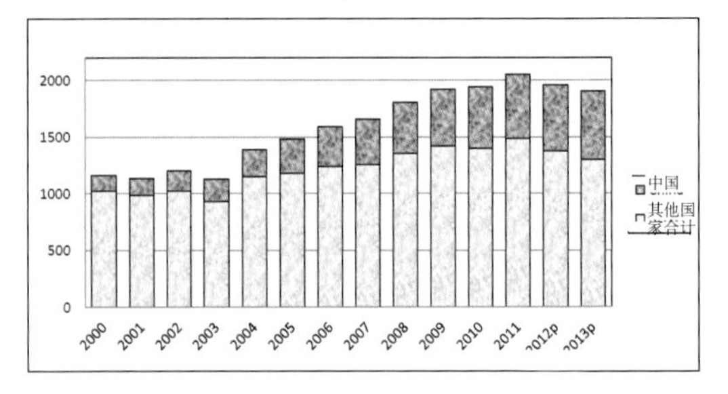

《世界猕猴桃年鉴》，2014

世界主产国产量统计表（2011，万吨）

国别	中国	意大利	新西兰	智利	希腊	法国
产量	65	43	40	24	14	7

中国各地区猕猴桃产量（2008，万吨）

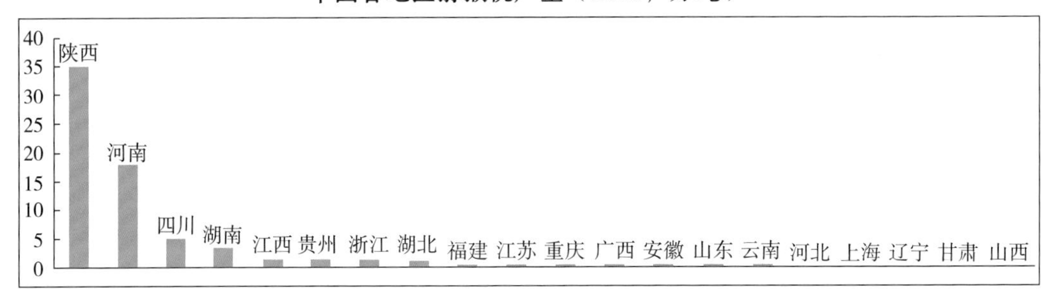

2 猕猴桃产业的发展趋势

2013年，世界栽培总面积近17万公顷。其中，中国近8万公顷，占总面积的47%（根据Belrose Inc. 2014中数据综合）。

2013年全球总产量降至约190万吨，其中中国58万吨，占总产量的30%（根据Belrose Inc. 2014中数据综合）。

中国猕猴桃主产省产量面积统计如下：

全国面积约180万亩[①]，产量约200万吨。主产省，陕西、四川、河南、湖南、贵州、浙江等。

陕西省，约100万亩，占全国一半以上，近五年新果园占一半，2015年产120万吨，占世界总产量的40%（据《陕西日报》）。关键问题是提质增效，质量安全。

四川省，50万亩，其中红阳40万亩。病害影响大。高产园亩产可达1 500~2 000千克。

河南省西峡县，15万亩，5万吨。

湖南省，15万亩，12万吨。

浙江省，6万亩，2万吨。

河南西峡猕猴桃产区

① 1亩=1/15公顷。

3 我国猕猴桃产业发展中存在的主要问题及对策

3.1 全国性一般问题

- 单产低，品质差，价格低
  产量、价格均为新西兰的 1/4
- 栽培、植保研究不够
- 品种区域化尚未形成
- 多数建园标准不高
- 有机质肥料投入不足
- 标准规范体系欠妥
- 砧木研究缺乏

3.2 主产区陕西省的主要问题

- 农药残留超标
- 化学保鲜不当
- 授粉受精不足
  300 粒种子，果重 80 克，800 粒种子，果重 130 克
- 提前采收严重
- 果面污染加重
- 贮藏期间冷害
  贮藏库温度以 0.5~1.0℃为宜

3.3 对策

- 商业资本注入（企业）
- 政策支持（各级政府）
- 与科研单位紧密合作
  促进产业的发展

从国内外成功的经验可以得出，产业的发展，最终靠三方的紧密合作。

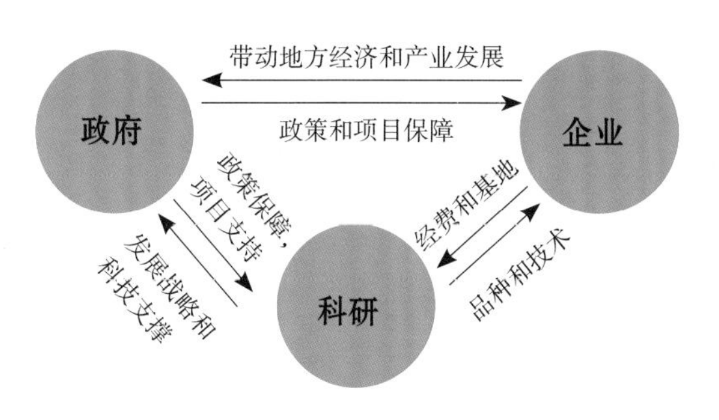

4 湖北省猕猴桃溃疡病发生状况及对策研究

2012 年年底，国务院扶贫开发领导小组办公室、中组部、教育部等八部委联合出台《关于做好新一轮中央、国家机关和有关单位定点扶贫工作的通知》，其中指定了 44 所高校参加，安排华中农业大学定点支援鄂西南山区的国家级贫困县建始县。

建始县召开推进定点扶贫工作座谈会

建始县召开猕猴桃产业发展工作会

建始县扶贫办主任向定群（后排右一），陪同华中农业大学新农村建设办公室主任赵映年（左一），猕猴桃课题组负责人刘继红（左二）在猕猴桃基地考察

建始县位于武陵山区，为发展地方经济，县扶贫办等政府单位根据近年猕猴桃市场的形势和当地气候土壤条件，争取并投入大量扶贫资金和其他资金，支持猕猴桃果品生产的发展。

2013年春，突然暴发的猕猴桃溃疡病较大面积流行，造成大量死树。

细菌性溃疡病是一种对猕猴桃产业极具威胁的危险性病害，搞得不好，可能导致建始县猕猴桃产业的重大挫折，广大农户和政府部门长期付出的辛勤劳动和大量投入可能前功尽弃（已有前车之鉴），猕猴桃溃疡病流行造成的死树，成为影响当地社会经济稳定的重要隐患。

此后，华中农业大学安排标志性成果培育项目（自然科学类）专项课题《湖北省猕猴桃溃疡病发生状况及对策研究》，园艺林学学院组成了由果树系主任刘继红牵头、退休教师蔡礼鸿等具体执行的课题组。

课题组拟通过3年左右的田间调查和防控试验，完成建始县猕猴桃溃疡病防治成套实用技术的组装和有效药物的筛选，为对口支援建始县科教扶贫、产业扶贫和智力扶贫，发展现代农业，脱贫致富提供支撑。

课题组在调研的基础上，向县政府提出了《关于建始县猕猴桃产业发展的建议》，并对《建始县猕猴桃产业扶贫规划》提出评审意见，在原则同意通过该规划的基础上，就相关问题提出以下建议：

建议一

如规划所述，“猕猴桃溃疡病曾在我县花坪境内大面积发生”。

猕猴桃细菌性溃疡病是一种对猕猴桃产业极具威胁的危险性病害。是一种腐生性强，又极耐低温的细菌性病害。

侵染具有隐蔽性，发作具有暴发性，损害具有毁灭性。

由于该病害隐蔽性强，一般在侵染未流出菌脓前很难发现，而一旦发现有菌脓

猕猴桃溃疡病症状

‘红阳’

‘金桃’

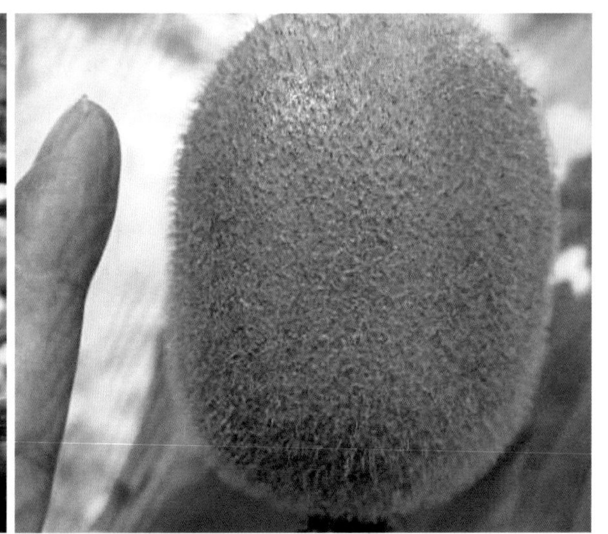

‘海沃德’

流出，则会迅速扩大蔓延，严重发作时形成死树毁园。

据目前国内外研究结果，尚未发现对猕猴桃溃疡病具免疫功能的品种，且就抗病性而言，‘金魁’>‘海沃德’>‘金桃’>‘红阳’，即‘金魁’较少感病，而‘红阳’易于感病，故在未能对‘红阳’的溃疡病实现有效防控之前，建议暂停或减少‘红阳’的发展，增加‘金魁’的发展。

‘金魁’

建议二

因猕猴桃根系为肉质根，主侧根少而须根发达，怕渍不耐旱，建议建园时推行起垄覆土栽培模式，土肥水管理中尽量避免在生长季伤根，尽可能采用滴灌或微喷灌等先进节水管道的灌溉方式。

简易滴灌

起垄覆土栽培模式

蓄水池

建议三

为便于统一落实规范栽培技术措施，建议新发展区域以种植大户为主，加强专业合作社建设。

长梁红石垭金盈农业公司新建猕猴桃园
（连片梯田120亩，2015-07-17）

建议四

在科技支撑体系建设方面，建议扶贫部门采取可行措施，加强与大专院校、科研院所的实质性合作，成立专项研究课题组或专项科技咨询专家组，提供相应平台，充分发挥有关专家学者的积极性。

以上相关建议基本上已经或者正在由建始县人民政府或华中农业大学安排落实。

蔡礼鸿（左一）在建始猕猴桃产业发展工作会上发言

吴金虎一行在长梁、花坪、业州考察、调研、指导（2014）

黄仁煌、钟彩虹在红岩寺（2014）

陈庆红在业州镇（2015）

华红霞在业州镇罗家坝村晶晶果品

罗家坝村频振式杀虫灯

建始县有机猕猴桃栽培
花期管理技术
华中农业大学　蔡礼鸿
2014-04-16
高人口素质
建始县业州镇当阳坝村民委员会
中共建始县业州镇当阳坝村支
店子坪村第
选举大会　培训
爱国　尚农
勤勉　诚信

技术培训

技术培训

长梁乡金塘村技术培训

业州镇罗家坝村晶晶果品

业州镇岩风洞村硒谷果品

硒果生物（业州镇四方井村）

业州镇牛角水村德鑫农庄

培训教材

调研

课题组成员多次到省内外进行猕猴桃专项调研。深入到猕猴桃种植较为集中的乡镇实地考察建始猕猴桃产业现状。通过走村串户，下到田间地头、车间仓库，和当地一些与猕猴桃产业有关的人员相互沟通，深入交流，取得了大量第一手资料。

调研过程成为一个交朋结友的过程，在调研中结识了一批能吃苦耐劳，肯学习钻研，热心公益，助人为乐的种植大户、技术能手、企业家、合作社领导、基层干部等优秀能人。

如长梁的刘克胜、肖茂健、秦文庆，三里的周立贤，花坪的谢先才、冉邦社，红岩寺的阮宗华，业州的杨成奎，高坪的贺茂安，益寿果品的向绪铭、刘永彪，县直的李登朝、刘开坤、李才国等。

他们在建始的猕猴桃栽培和经营的实践中获得了真知，各自琢磨出一些较为适合建始地域特点的栽培技术和产品定位。

通过理论联系实际，我们共同把对建始县猕猴桃的认识提升到新的高度。我们一起总结提炼建始猕猴桃产业栽培和经营中成功发展的经验，共同反思分析失败挫折的教训，探讨适合建始猕猴桃产业发展的途径，达成一个共识：那就是在建始发展猕猴桃产业、栽培猕猴桃，不能走某些外省和外地片面追求规模、追求数量的老路。既不能用建始种松树的方法，也不能采用北方种苹果树的方法，更不能用山区种苞谷的方法，而必须走一条具有地方特色的发展之路，采用具有地方特色的栽培技术，生产具有地方特色的优质果品。

如何走具有地方特色的发展之路，采用具有地方特色的栽培技术，生产具有地方特色的优质果品？

就是要满足不同消费层次的需求，采取差异性技术规范，生产具有地方特色的绿色优质猕猴桃（采用优质品种），或者仿野生有机猕猴桃（采用高抗丰产品种）。

周立贤

向绪铭

刘永彪和冉邦社

第二章 种类和品种

ZHONGLEI HE PINZHONG

1 种类

中华猕猴桃
美味猕猴桃
毛花猕猴桃

2 主要品种

‘红阳’‘金桃’
‘金魁’‘海沃德’
‘华特’‘迷你华特’

中华猕猴桃

中华猕猴桃

美味猕猴桃

毛花猕猴桃

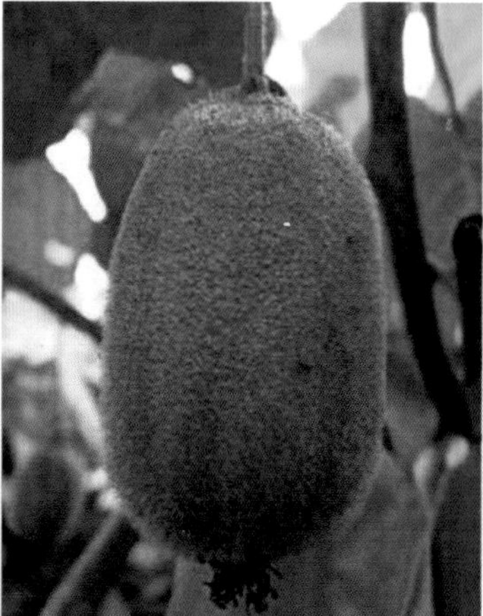

‘海沃德’

‘米良1号’

‘米良 1 号’果形长圆柱形，果皮棕褐色，被长茸毛，果顶呈乳头状突起。果肉黄绿色，汁液多，酸甜适度，风味纯正，具清香，品质上等。最大果重 128 克，平均果重 74.5 克，含可溶性固形物 15%，总糖 7.4%，有机酸 1.25%，维生素 C 207 毫克 /100 克。室温下可贮藏 20~30 天

‘川猕一号’

‘川猕 1 号’（‘苍猕 1 号’）果实整齐，椭圆形，果皮浅棕色，易剥离，平均果重 75.9 克，最大果重 118 克，纵径 6.5 厘米，横径 4.7 厘米，侧径约 3.9 厘米。果肉翠绿色，质细多汁，甜酸味浓，有清香，含可溶性固形物 14.2%，有机酸 1.37%，维生素 C124.2 毫克 /100 克，质优。果实在常温下可贮藏 15~20 天，果实成熟期 9 月下旬

‘秦美’（‘周至111’）

‘秦美’果实成熟期 10 月上中旬。果实椭圆形，平均单果重 106.5 克，最大单果重 160 克，果皮绿褐色。果肉绿色，质地细，汁多，酸甜可口，味浓有香气，含可溶性固形物 10.2%~17%，总糖 11.18%，有机酸 1.6%，维生素 C 190~354.6 毫克 /100 克，耐贮性中等。已在陕西省广泛种植，面积超过 1 万公顷

‘徐香’（‘徐州75-4’）

‘徐香’果实圆柱形，果形整齐，纵径 5.8 厘米，横径 5.1 厘米，侧径 4.8 厘米，单果重 70~110 克，最大果重 137 克。果皮黄绿色，被黄褐色茸毛，梗洼平齐，果顶微突，果皮薄易剥离。果肉绿色，汁液多，肉质细致，具草莓等多种果香味，酸甜适口，含可溶性固形物 13.3%~19.8%，总糖 12.1%，总酸 1.34%，维生素 C 99.4~123 毫克 /100 克，室温下可存放 30 天左右

‘金丰’

‘金丰’（‘79-3’）果实长椭圆形，果皮黄褐色，茸毛较易脱落，果实大小均匀，平均重 110 克，最大重 138 克。维生素 C 103 毫克 /100 克，可溶性固形物 14.5%，柠檬酸 1.65%。果肉淡黄或金黄色，汁多，酸甜适中，香气较浓，为鲜食品种。采收后，室温下可贮 30 天左右，冷藏可贮 4 个月。在江西省奉新，9 月下旬果实成熟

‘通山5号’

‘通山 5 号’（‘武植 80-21’）果实长圆柱形，果顶凹入，最大果重 137 克，平均果重 80~90 克。果肉绿黄色，质地细软，风味佳，具清香，酸甜适度，含可溶性固形物 15%，总糖 10.16%，有机酸 1.16%，维生素 C 80 毫克 /100 克，果实成熟期在 9 月中下旬。具抗旱性强，适应性广，早实果大，丰产稳产，耐贮藏等优良经济性状

‘庐山香’

‘庐山香’（‘79-2’）果实长圆柱形，果皮黄褐色，茸毛不显，外形美观，平均果重 123 克，最大重 175 克。维生素 C 120~159 毫克 /100 克，总糖 7.8%，总酸 1.48%。果肉淡黄色，细致多汁，风味良好。在冷藏条件下贮藏 4 个月维生素 C 含量不变，货架期 10~14 天，为鲜食优良品种。在江西省庐山，9 月下旬至 10 月上旬果实成熟

‘武植3号’

‘武植 3 号’果实近椭圆形，果皮暗绿褐色，茸毛稀少，平均果重 118 克，最大重 156 克。维生素 C 220~260 毫克 /100 克，可溶性固形物 12%~15.5%，柠檬酸 1.29%。果肉浅绿色，质细汁多，味酸甜，香气浓，是鲜食、加工兼用的株系。3 年生嫁接树株产 17.5 千克。在湖北省武汉地区，9 月中下旬果实成熟

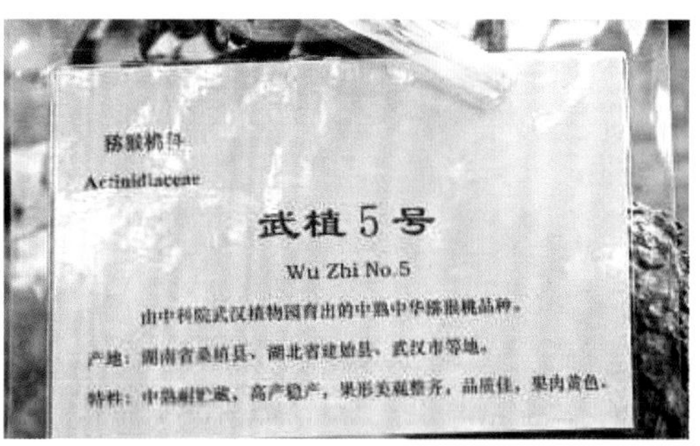

‘武植5号’

‘金农’

‘金桃’

‘东红’

‘金阳’

‘金魁’

新西兰黄金果

‘华特’毛花猕猴桃产区（浙江泰顺）

‘红阳’

‘红阳’风味浓郁，品质极佳，外观光滑无毛，并有浓郁的蜂蜜味，综合性状甚至超过享誉世界的新西兰王牌品种——‘金色’。‘红阳’属于高档水果，富含人体必需的各种氨基酸，维生素C含量更是高居水果之冠，具有良好的营养和保健功效，对于心血管疾病、排毒养颜及抗癌尤有益处，因而素有“维生素C之冠，水果之王，王中精品”的美誉

毛花猕猴桃（‘华特’‘迷你华特’）

大果型品种（‘华特’），果实长圆柱形，果面密布白色长茸毛，平均单果重 80 克，最大 130 克；果肉绿色，髓射线明显；果实酸甜可口，风味浓郁。

‘迷你华特’，单果重 30~40 克，鲜果中含维生素 C 616~659 毫克 /100 克，果实可溶性固形物 14.5%~16.8 %，总糖含量 10.5%~12.1%，总酸含量 1.06%~1.18%。

10 月下旬至 11 月上旬成熟，可在树上软熟，宜作为旅游观光采摘品种。

植株长势强，适应性广，抗逆性强，耐高温、耐涝、耐旱和耐土壤酸碱度的能力均比中华猕猴桃强；结果性能好，各类枝蔓甚至老蔓都可萌发结果枝；丰产、稳产，可食期长，货架期长，贮藏性好，常温下存放 2 个月，冷藏可达 4 个月以上。

1 年生枝灰白色，表面密集灰白色长茸毛，老枝和结果母枝为褐色，皮孔明显，数量中等，皮孔颜色为淡黄褐色。成熟叶长卵形，叶正面绿色无茸毛，叶背淡绿色，叶脉明显。叶柄淡绿色，多白色长茸毛。

抗病虫害能力强，几乎不用农药，是难得的无农药污染的“绿色果品”。特别对猕猴桃溃疡病具极高抗病性，是目前已知抗性最强的新品种。

一朵花结一个果，坐果率 100%，且无采前落果现象，可挂树保鲜。经济寿命长，可生长 40~60 年。栽后第二年挂果，第四至五年可达到丰产期。

适宜在年平均温 12~13℃、有效积温 4 500~ 5 200℃、无霜期 210~290 天的地区发展。

3 建始县的主栽品种

‘金桃’（‘武植 6 号’）
‘海沃德’（‘Hayward’）
‘金魁’（‘金水Ⅱ -16-11’）
‘红阳’（‘苍猕 1-3’）

3.1 金桃（武植6号）

果实长圆柱形，果形整齐，果个均匀美观，平均果重 85 克，最大果重 120 克；果皮黄褐色，较厚，果面光洁，茸毛少；果肉金黄色，质脆，酸甜适中，风味浓，软熟后肉质细嫩，多汁，具清香味；可溶性固形物含量 16%~21%，维生素 C 含量 150~200 毫克 /100 克；超量、灌溉不及时有裂果现象；贮藏期长，室温贮藏 30 天左右；气调贮藏 150 天左右。

植株生长势中庸，萌芽、成枝率高，隐芽极易抽生徒长枝；所有的枝都可以成为结果母枝，抽生结果枝，以中短果枝结果为主，花量大，易形成伞状花序；试果早，嫁接第二年开始结果。

红岩寺镇红岩村‘金桃’(2015)

最佳种植区在海拔600~900米。2月中旬开始伤流，3月上旬开始萌芽，5月中旬开花，花期5~6天。在海拔800米左右，5月下旬至6月上旬为果实第一次膨大期，7月下旬至8月上旬为果实第二次膨大期，9月下旬开始成熟，10月中旬为最佳采收期。

花坪镇校场坝‘海沃德’(2015)

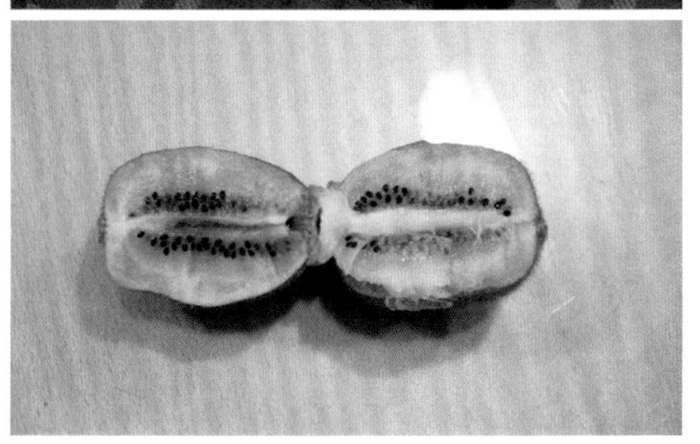

新西兰‘海沃德’

3.2 海沃德（Hayward）

又名巨果（Giant）。果实大，宽椭圆形，果实椭圆形，果形整齐均匀，平均果重90克，最大果重150克；果皮绿褐色，密生褐色硬毛；果肉绿色、翠绿色，肉质细腻，酸甜可口，香气浓郁；可溶性固形物含量16%左右，维生素C含量100毫克/100克左右；果实后熟期长，室温贮藏30天，气调贮藏150天左右。果品货架期、贮藏性名列所有品种之首。缺点为早果性、丰产性较差。目前，在世界上的栽培面积超过2万公顷。在我国约有3 300公顷。

植株树势弱，高海拔地区可抽生二次梢，低海拔地区亦可抽三次梢，萌芽率低，成枝率强，结果晚，早期产量低，后期产量高；以春梢为主形成结果母枝，以长果枝结果为主，多在结果母枝的5~15节上抽生结果枝，花着生在2~7节，多单花；雌雄株花期一致性差，需要人工辅助授粉才能高产。

‘海沃德’开花情况统计表

观测点	长梁双塘	三里石牌	花坪蔡家	花坪西山	田家坪基地
第一朵花开放时间	5月6日	5月16日	5月16日	5月20日	6月2日

最佳种植区在海拔600~1 000米，2月下旬至3月上旬开始伤流，3月中下旬开始萌芽，5月中上旬开花，花期5~6天。在海拔800米左右，6月中旬至6月下旬为果实第一次膨大期，8月中旬至8月下旬为果实第二次膨大期，10月中旬开始成熟，11月中旬为最佳采收期。

业州镇罗家坝村‘金魁’（2015）

3.3 陶木里（Tomuri）

雄性品种，开花迟，与‘海沃德’同期开放。主要作‘海沃德’的授粉树。

3.4 金魁（金水II-16-11）

果实阔椭圆形，果皮较粗糙，褐黄色，被硬糙毛，毛易脱落，茸毛中等密，棕褐色，果顶平，果蒂部微凹。平均果重 90 克，最大果重 172 克，纵径为 6.78 厘米，横径为 4.95 厘米，侧径为 4.52 厘米，果肉翠绿色，汁液多，风味特浓，酸甜适中，具清香，果心较小，果实品质极佳，含可溶性固形物 18.5%~21.5%，最高达 25%，总糖 13.24%，有机酸 1.64%，维生素 C 120~243 毫克 /100 克。耐贮性强，室温下可贮藏 40 天 。

该品种树势旺盛，萌芽、成枝率高，隐芽极易抽生徒长枝。所有的枝都可以成为结果母枝，抽生结果枝，以中短果枝结果为主，花量大，易形成伞状花序。定植第 3 年始花结果，产量高，亩产优质果 1 500 千克，是一个表现极佳的鲜食加工兼用品种。

最佳种植区在海拔 600~1 200 米，3 月上旬开始萌芽，5 月上中旬盛花，花期 5~6 天，6 月上旬至 6 月下旬为果实第一次膨大期，7 月中旬至 8 月上旬为果实第二次膨大期，10 月下旬成熟，11 月中旬为最佳采收期。

花坪镇三岔村‘红阳’(2014)

3.5 红阳（苍猕1-3）

果实短圆柱形，果形整齐，平均果重 70 克，最大果重 110 克；果顶凹陷，果皮绿褐色极薄，光滑无茸毛；果肉黄绿色，

业州镇罗家坝村‘红阳’（2015）

果心白色，子房鲜红色呈放射状图案，果实横切面果肉呈红、黄、绿相间的图案，具有特殊的色泽，果心向外呈放射状红色，甚为鲜艳，肉质细嫩，汁多味浓，细腻可口，口感鲜美有香味。后熟7天左右就可以食用；含可溶性固形物高达19.6%，总糖13.45%，有机酸0.49%，维生素C 135.77毫克/100克。较耐贮藏，室温可贮藏7~10天，气调可贮藏100天。

植株生长势旺盛，生长速度快，萌芽成枝率都高，全年可抽生3次梢；春梢、夏梢都能形成结果母枝，以短果枝结果为主，花多着生在2~8节，花量大，容易形成伞状花序，无生理落果；嫁接第二年就可以试果，但抗逆性差。

最佳种植区在海拔600~800米，2月中旬开始伤流，3月上旬开始萌芽，4月下旬开花，花期5~6天。在海拔800米左右，5月中旬至5月下旬为果实第一次膨大期，8月上中旬为果实第二次膨大期，9月中下旬开始成熟，10月上旬为最佳采收期。

‘红阳’对环境条件的要求叙述如下：

温度：年平均气温在15~18℃，极端最高气温38.5~42℃，极端最低气温-5℃，无霜期220~290天的山区地带生长良好。

土壤：pH5.5~6.5，土层深厚，肥沃疏松，保水排水良好，腐殖质含量高的沙质土壤。土壤有机质含量为3%~17%。

水分：年降水量1 100毫米左右，空气相对湿度在70%~80%的环境下，生长发育良好。地下水位1米以下。

风：和风可调节大气的温湿度，有利猕猴桃的生长发育；而强风则易枝断架垮；干热风更不利猕猴桃生长发育；微风有利于自然授粉。

光照：‘红阳’幼苗期喜阴凉，忌强光直射；成年树则比较喜光，良好的光照条件能使树体生长健壮，开花结果良好，品质优良。年日照时数1 300~2 600小时为宜。

坡向坡度：东西坡向介于南北坡向之间为最佳。坡度一般小于15°~20°。根据地形，因地制宜。

海拔：‘红阳’生长的最佳海拔600~800米。表现树势旺盛，产量最高，品质最好，寿命最长。

‘红阳’开花情况统计表

观测点	长梁双塘	三里石牌	花坪蔡家	花坪西山
第一朵花开放时间	4月20日	4月25日	4月25日	5月2日

第三章 生物学特性

SHENGWUXUE TEXING

1 树性

猕猴桃为多年生木质藤本植物，常需依附在其他物体（支架）上生长。

猕猴桃为雌雄异株植物，雌花的花粉败育，雄花的子房与柱头萎缩，分别形成单性花，只有雌雄株搭配才能授粉受精结实。

在生产上常用扦插、嫁接和组培繁殖，栽植 1~2 年即可结果，3~4 年进入丰产期；自然更新能力强，树龄也长，百年以上的老树仍能正常结果。

猕猴桃雄花

猕猴桃雌花

2 根系

猕猴桃具有发达的须根系，且为肉质根，根内贮存大量的营养物质。

猕猴桃根系浅，多集中分布于地表以下 20~30 厘米。

猕猴桃的成年植株根系分布相对浅而广，自然状况下水平分布常为地上部的 2~3 倍。

猕猴桃的侧根较少，但根的导管很发达，故根压非常大，所以萌芽力强，春季树液流动明显，加之枝蔓中具有较大的髓，容易出现“伤流”。

猕猴桃根系

猕猴桃伤流

3 芽和枝叶特性

芽的外面包有3~5层黄褐色毛状鳞片；着生在叶腋间海绵状芽座中。

一个叶腋间有1~3个芽，中间较大的芽为主芽，两侧为副芽，呈潜伏状；副芽在主芽受伤或枝条短截时才能萌发。

主芽有叶芽和花芽之分。

发育良好的生长枝或结果枝的中上部叶腋间的芽通常为花芽，芽体肥大、饱满。

当年形成的芽也可萌发成枝，即表现为早熟性。

猕猴桃的芽，其位置背向地面的，生长旺盛。

与地面平行的，长势中庸。

向着地面的，枝条长势衰弱，甚至不能萌发。

很强的极性和背地性，是猕猴桃所特有的。

猕猴桃为藤本植物，缠绕茎蔓生，具有细长、坚韧、组织疏松、质地轻软、生长迅速的特点。

枝蔓中具有较大的髓。

猕猴桃的枝蔓具有逆时针旋转的缠绕性，它在生长后期顶端会自行枯死，即“自剪”。

猕猴桃的叶片大而薄，叶肉的栅栏组织只有一层细胞，海绵组织细胞间隙不发达，为中生植物的特点；其叶的形状，种、品种之间差异很大，是识别品种的标志。

4 开花与坐果

猕猴桃雄花开花时间5~8天，雌花3~5天，花开放的时间多集中在早晨，并且7:30分以前开放的花朵占全天开放花数的77%左右；开花后头三天授粉结实率高。

花期早晚，不同种类、品种差异大，依次为：中华猕猴桃、美味猕猴桃、软枣猕猴桃、毛花猕猴桃。

猕猴桃属虫媒花。猕猴桃雌花只有授粉受精后才能结果。猕猴桃成花容易，坐果率高，一般无生理落果现象。

5 果实与种子

猕猴桃果实由含26~38个心皮的子房发育而成，各心皮具多个胚珠，每一心皮具有11~45个胚珠，形成许多小型棕色种子，胚珠着生在中轴胎座上，一般形成两排，种子数约600~1 300粒，种子数多则果实大；故需混栽花粉量大的雄株，除昆虫授粉外，常需人工辅助授粉。

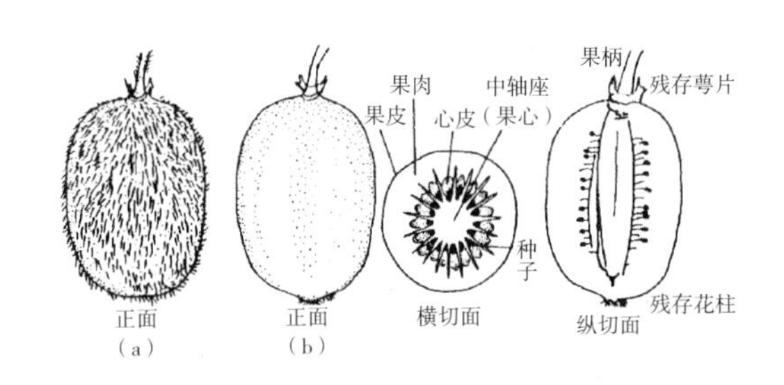

猕猴桃果实外观及剖面

(a) 美味猕猴桃；(b)中华猕猴桃

猕猴桃果实发育常为3S生长曲线，未发现生理落果现象。

6 环境条件要求

“四喜”：喜温暖、喜湿润、喜肥沃、喜光照。

“四怕”：怕干旱、怕水涝、怕强风、怕霜冻。

6.1 温度

多数猕猴桃喜温暖湿润气候，在年均温11~18℃，极端最高气温42.6℃，极端最低气温-20.3℃，≥10℃有效积温4 500~5 200℃，无霜期210~290天的山区分布较多，并开花结果良好。

4℃以下低温950~1 000小时，可满足解除休眠的需要。

久晴高温和干旱天气，会使叶片、果实和枝梢受害，如叶片焦枯、落叶、果实日灼、落果、枯梢等。

6.2 光照

猕猴桃幼树喜阴，但成年植株又性喜攀援树上，以获得充足的阳光。

高温干旱伤害（2014-08-07）

‘红阳’（左）‘海沃德’（右）干旱落叶状（花坪，2015）

‘金魁’（右）抗旱性优于‘海沃德’（左）（花坪，2015-08-09）

肥沃疏松、排水良好、有机质含量高的土壤上根系发育良好（罗家坝，2014）

‘海沃德’果实日灼（花坪，2015-08-09）

幼龄的猕猴桃耐阴性强，栽植时要注意遮阴；到了开花结果后，又要求足够的阳光。

6.3 水分

猕猴桃是一种生理耐旱性较弱的树种，对土壤水分和空气湿度的要求较高。幼苗期需要适当遮阴和保持土壤湿润。

猕猴桃的根系浅，对土壤缺氧反应敏感，在渍水地带不能生存。

6.4 土壤

猕猴桃喜土层深厚、肥沃疏松、排水良好、有机质含量高的土壤。

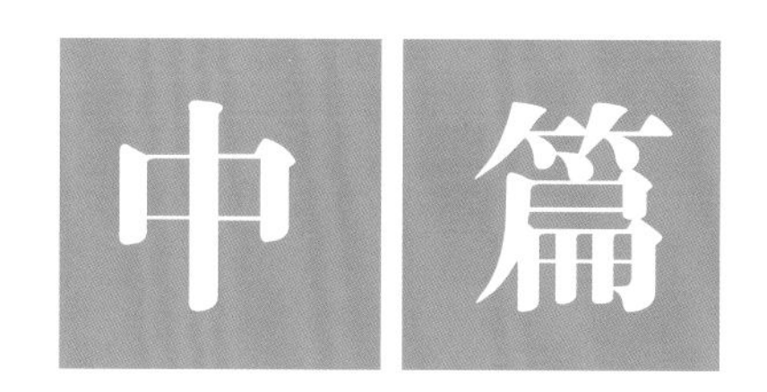

猕猴桃实用栽培技术

MIHOUTAO SHIYONG ZAIPEI JISHU

第一章 建园定植

JIANYUAN DINGZHI

必须走出以往的认识误区

误区一，野生猕猴桃长在高山，栽培需要上高山；

误区二，野生猕猴桃长在野外，抗性优于栽培品种，宜用野生猕猴桃的种子培养砧木；

误区三，猕猴桃怕干，需要深栽；

误区四，猕猴桃根系分布深，需要深施有机肥；

误区五，猕猴桃抗性强，不需要防病治虫；

误区六，猕猴桃生长旺，需要经常性夏季修剪。

需要根据猕猴桃的生物学特性和不同品种的特点，因地制宜地制定适合当地的技术规范。

指导思想

顺应自然，科学合理

省工省力，轻简高效

安全健康，绿色环保

1 建园定植

1.1 园地的选择

猕猴桃园地选择要围绕品种特性来定

把握两个原则，一是空气、土壤、水质均无污染的地域；二是适合猕猴桃生长发育的要求。

猕猴桃喜温暖、喜湿润、喜肥沃、喜光照，怕干旱、怕水涝、怕强风、怕霜冻。

园地必须选择气候温暖、雨量充沛、无霜冻、海拔适宜的地域。

选择背风向阳、水源充足、排灌方便、土层深厚、腐殖质丰富、有机质含量1.6%以上、地下水位1米以下、年日照时数超过1 300小时的浅山丘陵缓坡地。

土壤呈中性或微酸性，通透性良好，交通运输方便。

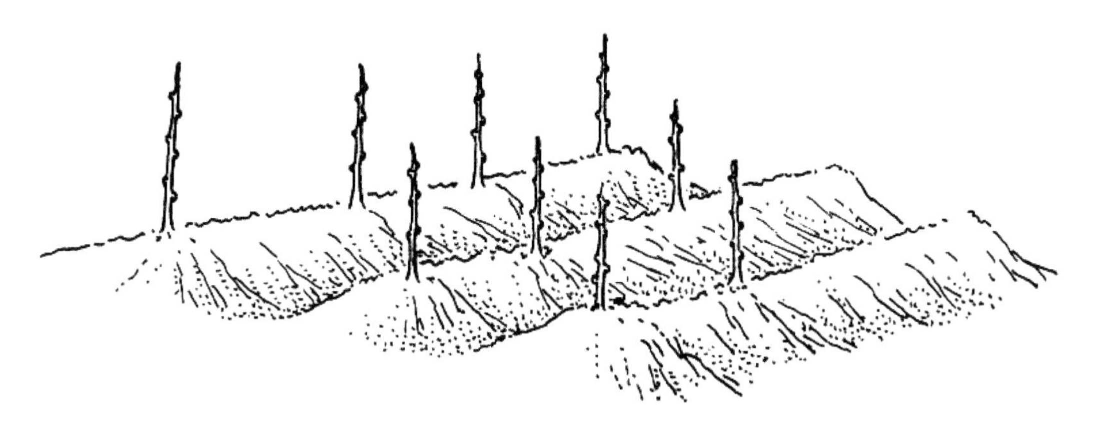

起垄栽培

条件适宜就发展，条件不行就不要勉强建园，在高海拔地区、低洼地、山顶、风口处不宜建园。

1.2 建园

猕猴桃怕涝，平地及山地槽田建园需起垄或筑墩栽植。

方法是全园耕翻（最好能深翻 80 厘米左右），然后用表土和有机肥（每亩 20 立方米，多多益善）混匀后起垄，垄高 30~40 厘米，垄顶宽约 40 厘米，垄底宽约 1 米，将猕猴桃按栽植要求栽在垄上。这样可防止夏季雨水积涝及传播病害。用这种方法栽的树比平栽的当年生长量可大一倍，以后树体发育也较好。

花坪陶家荒筑墩栽植

起垄栽苗后，要特别注意随时覆土，保护根颈，既不能把嫁接口埋到土里，也不能把根系暴露出地面。根系露出地面后，会影响根系的正常生长，进一步则会影响到树势的强弱。

在涝洼湿地建园则宜挖深沟筑高畦，并设地下通气排灌暗沟，千方百计降低地下水位，改善根际通气状况。

坡地果园按预定的株行距挖深宽 1 米的沟槽，坡上坡下槽槽相通，按回填要求回填后起垄栽植。

业州镇罗家坝起垄栽培

长梁乡下坝村抽槽栽植不当园（2014-03）

抽槽栽植不当，导致毁园（2015-04）

红岩寺镇桃园六组筑墩栽植

起垄栽培

黄正国夫妇

黄正国园起垄栽培

业州镇牛角水村

业州镇牛角水村起垄建园

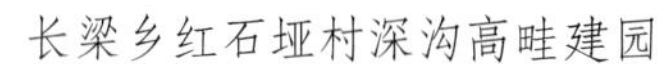

长梁乡红石垭村深沟高畦建园

业州镇岩风洞村

1.3 苗木定植

1.3.1 栽植密度

栽植密度根据果园地势、土壤、肥水条件、品种特性、架式和管理水平而异。

山地、丘陵地应定植密些，平地可定植稀些；土壤深厚肥沃要稀些，土壤瘠薄可密些；多雨潮湿地区宜稀些，干旱少雨地区宜密些；生长势强的品种要稀，生长势中庸、短果枝类型的要密；篱架可栽密些，棚架可适当稀些。

‘金桃’‘海沃德’‘金魁’的株行距多采用 3 米 ×4 米，‘红阳’也可采用 2 米 ×3 米。

1.3.2 苗木检疫与消毒

苗木引入前一定要请专门的机构进行检疫，带有检疫性病虫的苗，如细菌性溃疡病、根结线虫病等，不允许引进。

苗木消毒是保证定植成活的关键技术，将苗木捆成小把，放入装有 5 波美度石硫合剂溶液中浸泡 10 分钟，然后用清水洗净药水，就可以下田栽植了。

1.3.3 苗木定植

栽植时，按要求在垄上挖开定植穴，经过检疫消毒的苗木，还要检查苗木根系是否完整，不栽无根苗，如果有根瘤状物应全部剔除，病苗不栽，应及时销毁。

先用泥浆蘸根，放在穴的中央，理顺

早春栽芽（长梁红石垭，2015-2-08）

苗采用掘接，又称扬接，即当时挖砧木，当时嫁接，当时栽苗，采用掘接可减轻伤流、延长嫁接和栽苗时期

早春栽芽（长梁红石垭，2015-2-08）

起垄建园后必须加强管理，随时做好培垄土、除萌蘖等工作。不要让根系外露，萌蘖滋生，从而影响主干发育

改接换种和引蔓（新西兰）

引蔓（长梁乡红石垭，2015-07-16）

根系，防止窝根，扶正苗木，使接口面向迎风面，以免风折。一边将细土掩盖根部，一边轻轻将苗木抖动，使根系舒展与土壤紧密接触，然后用脚轻轻地踩实，再覆土盖平，浇透稳根水，待水完全渗下后再覆土成瓦背形，覆土位置于苗木根颈部上约5厘米左右为宜（嫁接苗要

主干引缚不当

露出嫁接部位）。

若园地土壤肥力欠佳，宜在栽植穴范围内，将生物有机肥 250 克左右，与直径 30 厘米、深度 20 厘米左右的土壤混匀后栽苗。

一般来说，坡地深栽苗，平地浅栽苗。

苗木定植的原则是“宜早不宜迟，宜干不宜湿”。

苗木定植的技术要求是“泡土偎根，向上提苗，用力踩紧，把水浇足”。

无论是实生苗还是嫁接苗，苗木定植后，都要剪留 2~3 个饱满芽。

苗木定植后，要在苗木旁边插一根 1.4 米长的引导杆，或在苗木旁边插一根短桩，从架面钢丝到短桩之间系一根细绳索，用以引蔓。

1.4 坐地苗嫁接建园

根据建始县实践，有条件会嫁接的，可以先栽实生砧木苗。据近年砧木试验结果，大多数猕猴桃品种的最佳砧木为‘金魁’实生苗，待砧木生长强壮后，就地嫁接的优良植株上的充实饱满芽子。嫁接需避开伤流期，最适在 8 月下旬至 9 月上旬采用单芽枝腹接，冬季修剪时剪砧。

此法优点很多，一是可以保证雄株比例；二是可以优中选优；三是可以大大减少溃疡病、根结线虫病等危险病虫害的传播。

单芽枝腹接

猕猴桃苗圃（长梁红石垭，2015-07-17）

实生苗建园（花坪三岔，2015）

切接（业州镇岩风洞村，2月10日）

新栽芽苗萌芽状（长梁红石垭，2015-03-19）

切接（花坪三岔，2014）

若嫁接后伤流严重，则伤口不易愈合，可在嫁接口以下10厘米左右，开一小口“放水”（业州镇岩风洞村）

2 苗期管理

幼苗生长期，要及时抹除基部萌蘖和顶芽以外的所有萌芽，以利集中营养让顶芽笔直向上生长，待顶芽生长到架面附近时，距离架面20~30厘米剪梢，以产生两个分枝，形成将来的主枝。

幼苗生长期，要及时抹除基部萌蘖和顶芽以外的所有萌芽，以利集中营养让顶芽笔直向上生长，待顶芽生长到架面附近时，距离架面20~30厘米剪梢，以产生两个分枝，形成将来的主枝

第二章 土肥水管理

TUFEISHUI GUANLI

1 土壤管理

1.1 果园覆盖

园地覆盖具有抗旱保墒、保土保肥、改良土壤等作用，有利于果园生态平衡，有利于根系生长和增强吸肥吸水的能力，有利于提高果实品质。果园覆盖包括覆草、生草覆盖、地膜覆盖、沙石覆盖等措施。

花坪校场坝李宗依‘海沃德’覆盖（2015）

花坪镇黑溪坝村秸秆覆盖（2014）

生草覆盖

生草覆盖

1.2 果园间作

幼年猕猴桃园架面还没有封闭，应当间作一些经济作物，这是一项以短养长、以园养园的立体农业措施，可贴补投资，降低生产成本。幼年园间作以不影响猕猴桃植株正常生长为度，可以间作贝母、党参、白术等药材和胡萝卜、甘蓝、白菜、油菜等蔬菜以及红三叶、白三叶、印度豇豆等绿肥植物，还可间作果树苗木。

猕猴桃有些品种在幼年期，可以适当间作玉米等高秆作物，用来遮阴，以缓解强光照射对猕猴桃的损伤。比如'红阳'，在幼年期，在行间间作1~2行玉米，可降低日灼病、褐斑病的发生率。

桃园村果园间作

三岔村果园间作

2 营养与施肥

猕猴桃种植一定要使用充分腐熟的农家肥料和经过有机认证机构认证的、符合有机产品生产标准的生物有机肥或其他土壤培肥和改良物质。

千万不可施用未腐熟的农家肥尤其是生鸡粪，限量施用化学肥料。

把握“施足基肥，壮果肥少量多餐”的原则。根据土壤肥力和品种特性来确定施肥方案，不滥用肥料，在技术员的指导下用肥，保护农业生态环境。

绿色食品生产中的施肥技术：绿色食品是安全优质营养类食品的统称，在国外又称为健康食品、有机食品、天然食品、生态食品或无公害食品。

在绿色食品生产技术中合理施肥首先要求施用肥料的种类和数量应限制在不污染环境、不危害作物、不在产品中残留到危害人体健康的限度；经过施肥的土壤仍具有足够数量的有机物质含量，维持土壤生物活性，不污染生态环境，提高土壤肥力，形成一个安全优质生产无公害绿色产品的良性循环。

生产绿色产品的肥料使用要求：根据中国绿色食品发展中心规定，绿色食品分为AA级和A级，生产AA级绿色食品要求施用农家有机肥和非化学合成的商品性肥料，还可应用一些叶面肥料。

生产A级绿色食品则允许限量使用部分化学合成的肥料，如尿素、硫酸钾、磷酸二铵等，但施用时必须与有机肥料配合使用，有机氮与无机氮之比为1∶1，相当于1 000千克厩肥加20千克尿素的施用量，禁止施用硝态氮。

2.1 基肥

基肥是猕猴桃全年生长的基础，占全年总肥料的60%~70%以上，要按要求施足基肥。以充分腐熟的农家肥料和生物有机肥为主，落叶之前施基肥，一般在10~11月进行，12月至翌年元月原则上尽量不要翻土伤根，否则可能会加剧冻害。把握“壮树多施，弱树小树少施，大树远施，小树近施”的原则。幼年果树可挖半环状沟施肥，成年果树可采用隔行抽槽施肥，沟深20~30厘米，宽根据肥料的多少来定，肥多就宽，肥少就窄，将肥料和土混和均匀后填入沟内，然后回填土成瓦背形。

尽量采用垄上撒施后和表土拌匀，可用旋耕机浅耕10厘米以内拌匀。

农家肥料腐熟的方法：动物排泄物、植物残体等与生石灰分层堆压，上压泥土，然后用薄膜覆盖，在顶部深插一竹竿透气，1个月后，均匀翻动肥堆后，就可以下田使用了。

农家肥和生物有机肥作基肥。4年以内的幼年果树：农家肥料1 000千克/亩，生物有机肥25千克/亩。5年以上的成年果树：农家肥料1 500千克/亩，生物有机肥50千克/亩。

生物有机肥作基肥：4年以内的幼年果树；生物有机肥50千克/亩；5年以上的成年果树，生物有机肥100千克/亩。

2.2 壮果肥

谢花后15天开始，以充分腐熟的农家肥料或生物有机肥为主，补充适量的钾肥，把握“结果多的多施，结果少的少施，大树远施，小树近施”的原则，结合夏季中耕除草施生物有机肥。壮果肥要尽量多施几次，分土壤追肥和叶面追肥两种。

土壤追肥可先在果树滴水线下挖深约10厘米左右的施肥沟，将农家肥或生物有机肥撒在沟内，然后覆土，并将周围的草也刮起覆盖在树盘上。

最好是撒施后和表土拌匀。

全年追肥2~3次，每次幼年果树施农家肥5千克/株+生物有机肥0.25千克/株+钾矿粉0.2千克/株，成年果树施农家肥15千克/株+生物有机肥0.5千克/株+钾矿粉0.5千克/株，每次施肥位置不重复。

叶面追肥结合病虫害防治进行，使用浓度为0.2%。

壮果肥的使用应根据树势和果园土壤

肥力来决定施肥的时间、施肥量和施肥次数，有的由于基肥施得足，果园土地肥沃，挂果少，全年就不需要壮果肥或少施壮果肥。总之，施壮果肥时要具体情况具体对待才行。

原则上是生长季尽量不要伤根。

2.3 猕猴桃专用肥

通过对建始县农业局土肥站和猕猴桃种植大户的调研，获取了许多重要信息，了解到建始全县土壤养分近 30 年的变化情况，即土壤酸化严重，有机质含量下降，土壤碱解氮有较大幅度提升，有效磷虽有提高但离猕猴桃需求尚有较大距离，速效钾含量极大幅度下降，有效钙和有效硼普遍处于缺乏状态等。

据张力田等（2003）研究，猕猴桃溃疡病在磷、硼等供给不足的情况下易于发病，若能满足磷、硼的供给，可有效减轻甚至消除溃疡病的发生。

根据建始县种植大户在猕猴桃培肥管理中存在的问题，即亩施肥量（千克）为 N：P：K=12：5：8 甚至 13.4：3.0：3.5，存在氮过量而磷严重不足的现象。

课题组组织相关肥料专家研究建始县猕猴桃专用有机复合肥的配比并研制产品。到武汉金铭生物科技有限公司和湖北双港楚农有机肥料公司就专用肥问题进行考察调研和协商工作，得到了两家公司的大力支持。

●猕猴桃专用肥配方及研制（2013.4–10）

●猕猴桃专用肥试用及示范（2013–2014）

●猕猴桃专用肥应用及推广（2014–2015）

武汉金铭生物科技有限公司，应邀专门为建始县定制了亩产 1 500 千克

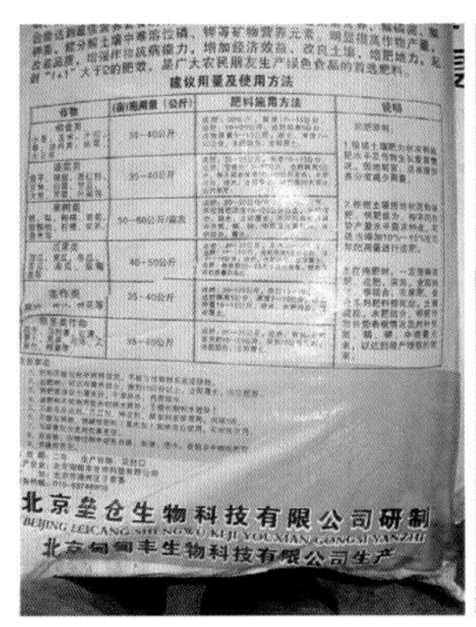

垒仓1＋1复合微生物肥料

调研

2. 施肥量与次数

施肥量与次数应根据树龄、树势、各个物候期的需肥特点和生长结果等情况而定。表 7.1 是日本香川县各个树龄猕猴桃树的收获目标和施肥量，表 7.2 是香川县猕猴桃树各时期的施肥比例和施肥量，可作为我国猕猴桃园制订施肥方案的参考（末泽克彦等，2008）。

表 7.1　香川县各个树龄猕猴桃树的收获量目标和施肥量

试验品种 / 树龄	'香绿'、'赞绿'				'海沃德'			
	目标产量/千克	施肥成分量/（千克/0.1 公顷）			目标产量	施肥成分量/（千克/0.1 公顷）		
		氮	磷酸	钾		氮	磷酸	钾
1	—	5.0	5.0	5.0	—	6.0	6.0	6.0
2	250	6.0	7.0	6.0	—	8.0	8.0	8.0
3	750	8.0	9.0	8.0	400	10.0	11.0	11.0
4	1 000	10.0	11.0	10.0	1 000	12.0	14.0	13.0
5	1 500	12.0	16.0	14.0	1 500	14.0	17.0	16.0
6	—	—	—	—	2 500	17.0	20.0	19.0
成年树	2 000	12.0	18.0	14.8	2 500	18.0	22.0	20.0

注：'香绿'、'赞绿'——肥沃地 10 株/0.1 公顷，中庸地 15 株/0.1 公顷；'海沃德'——肥沃地 10～15 株/0.1 公顷，中庸地 15～20株/0.1 公顷。根据枝条的伸长量增减施肥量。

注：'香绿'、'赞绿'——肥沃地 10 株/0.1 公顷，中庸地 15 株/0.1 公顷；'海沃德'——肥沃地 10～15 株/0.1 公顷，中庸地 15～20株/0.1 公顷。根据枝条的伸长量增减施肥量。

表 7.2　香川县猕猴桃树各时期的施肥比例和施肥量

试验品种	施肥时期		氮		磷酸		钾	
			施肥比例/%	施肥量/（千克/0.1 公顷）	施肥比例/%	施肥量/（千克/0.1 公顷）	施肥比例/%	施肥量/（千克/0.1 公顷）
'海沃德'	基肥	11 月	100	12	80	14.4	60	8.9
	追肥	6 月	—	—	20	3.6	40	5.9
	年施肥量		12		18		14.8	
'香绿' '赞绿'	基肥	11 月	100	18	80	17.6	70	14
	追肥	6 月	—	—	20	4.4	30	6
	年施肥量		18		22		20	

根据我国猕猴桃果园的生长特点，我国猕猴桃园建议施肥 2～3 次：

（1）第一次是萌芽（催梢肥）或花前肥，在春梢萌芽前 10～15 天（2 月下旬至 3 月上中旬），或开花前（花蕾露白期），以施用速效性氮肥为主，并辅以适量的速效性磷、钾肥。

日本香川县猕猴桃施肥标准

双港楚农生物有机肥生产线

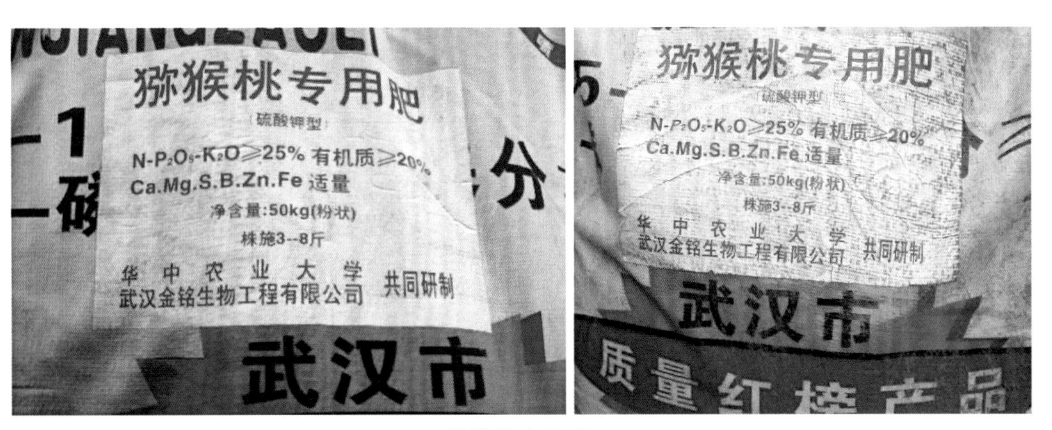

猕猴桃专用肥

优质鲜果的施肥量（千克）为N：P：K =12：18：15，另增配Fe、Mg、Zn、B等的猕猴桃专用有机复合肥，送到建始县，免费提供给种植大户试用。

2.3.1 施用量

幼树一株1.5千克左右，结果树一株2.5 ~ 4千克。

2.3.2 施用时期

为了降低价格，专用肥没有添加缓释剂，故在具体操作时，可在采果前后的10~11月施用基肥时，施用总施肥量的2/3，在谢花后的5~6月施用壮果肥时，施用总施肥量的1/3。

3 水分管理

猕猴桃是一种生理耐旱性较弱的树种，对土壤水分和空气湿度的要求较高。

尽可能采用滴灌或微喷灌等先进节水管道灌溉方式，实现肥水一体化。

猕猴桃叶片营养元素含量（新西兰）

		N（%）	P（%）	K（%）
标准值	〈 缺乏	〈 2.15	〈 0.09	〈 1.20
标准值	适量	2.37~2.58	0.17~0.23	1.54~1.87
标准值	〉过量	〉2.80	〉0.30	〉2.21
标准值适量	（日本）	1.11~1.41	0.75~0.87	2.38~5.92

		Ca（%）	Mg（%）	S（%）
标准值	〈 缺乏	〈 2.37	〈 0.27	〈0.21
标准值	适量	3.11~3.84	0.40~0.51	0.33~0.44
标准值	〉过量	〉4.58	〉0. 62	〉0.56

		Fe(毫克/升)	Mn(毫克/升)	Cu(毫克/升)	Zn(毫克/升)	B(毫克/升)
标准值	〈缺乏	—	〈17	—	—	〈 20
标准值	适量	115~150	104~190	5~15	1~22	31~42
标准值	〉过量	—	〉277	〉21	〉30	〉53

建始猕猴桃叶片营养元素分析（2014.08）

品　种	园　地	粗蛋白（%）	N（%）	P（%）	K（%）	Ca（%）	Mg（%）	S（%）
金桃	阮宗华	14.41	2.31 ↓	0.14 ↓	1.85 —	1.71 ↓ ↓	0.68 ↑ ↑	0.45 ↑
海沃德	周立贤	12.50	2.00 ↓ ↓	0.12 ↓	0.31 ↓ ↓	2.02 ↓ ↓	0.65 ↑ ↑	0.22 ↓
红阳	肖茂健	14.06	2.25 ↓	0.20 —	1.06 ↓ ↓	2.34 ↓ ↓	0.40 —	0.34 —
红阳	秦文庆	14.73	2.37–	0.15 ↓	0.99 ↓ ↓	2.77 ↓	0.39 ↓	0.40 —
金魁	刘克胜	15.07	2.41—	0.21 —	0.86 ↓ ↓	2.98 ↓	0.43 —	0.47 ↑

品　种	园　地	Fe(毫克/升)	Mn(毫克/升)	Cu(毫克/升)	Zn(毫克/升)	B(毫克/升)
金桃	阮宗华	178.39 ↑	276.99 ↑ ↑	16.95 ↑	13.15 —	20.01 ↓
海沃德	周立贤	176.23 ↑	569.18 ↑ ↑ ↑	26.87 ↑ ↑	12.96 —	23.92 ↓
红阳	肖茂健	196.18 ↑	72.55 ↓	15.04 —	12.43 —	25.87 ↓
红阳	秦文庆	375.66 ↑ ↑ ↑	603.98 ↑ ↑ ↑	14.51 —	28.84 ↑	38.74 —
金魁	刘克胜	267.09 ↑ ↑	248.51 ↑	15.03 —	23.40 —	29.23 ↓

3.1 灌溉

建始县气候温暖，雨量充沛，空气湿润，在猕猴桃果园灌溉时要根据实际情况来操作，尤其要注意萌芽期和壮果期两个时期不可缺水，如果这两个时期缺水，一定要及时灌溉。

灌溉后及时松土保墒，用草或薄膜覆盖。

凡是有条件、有可能的园地，建议修建蓄水池，安装简易滴灌设备，以保证优质丰产。

3.1.1 灌溉的作用

满足作物需要；调节地温；调节种植园小气候；利用灌溉施肥，用药。

3.1.2 灌溉方式

地面灌溉（漫灌、沟灌、树盘灌水或树行灌水、地下输水）；管道灌溉（喷灌、微喷、滴灌、渗灌）。

3.2 排水

猕猴桃根系为肉质根，喜潮而不耐渍水。土壤渍水易造成透气不良，根的呼吸作用受到抑制，在缺氧状态下吸收机能减弱，树体抗逆性下降，病菌趁机蔓延侵染，根系腐烂，叶片发黄脱落，长期渍水可使植株枯萎，窒息死亡。因此，排水是调节土壤水分，使猕猴桃达到水分平稳的重要措施。建园时，应建好排水系统，生产过程中及时疏通沟渠，使渍水快速有效地排除。

我地属南方地区，长期阴雨连绵，不仅要把排涝放在日常工作重要位置，还要在种植方式上下功夫，一是建园时建好排水系统；二是平地一律实行高垄栽培；三是低洼地、无消水通道、地下水位高的田块不建园。

3.2.1 排水的意义

减少过多水分；增加空气含量；改善土壤营养状况。

3.2.2 排水方式

明沟排地表水、暗沟排地下水及井排（对于内涝渍水地排水效果好）。

土壤水分过多时影响土壤通透性，氧气供应不足又会抑制植物根系的呼吸作用，降低水分、矿物质的吸收功能，严重时可导致地上部枯萎，落花、落果、落叶，甚至根系或植株死亡。

在容易渍水或排水不良的种植园区，在建园时就要进行排水工程的规划，修筑排水系统，做到及时排水。

涝害比干旱更能加速植株的死亡。

花坪三岔谢先才修建的蓄水池

高坪镇麻布溪村贺茂安猕猴桃园蓄水池

简易滴灌

第三章 整形修剪

ZHENGXING XIUJIAN

1 基本树形

新西兰整形（据吴金虎，2014），悬引式培养枝条

云南整形（据华红霞）

蔡礼鸿在新西兰罗托鲁瓦考察猕猴桃（2015-10-16）

单干上架、改良“T”形架、微喷灌、宽行距、生草栽培

枝组更新修剪，每个枝组只选留一根结果母枝

改良“T”形架结果状

平顶大棚架（花坪镇三岔村）

平顶大棚架（三里乡石牌村）

平顶大棚架（业州镇罗家坝村）

‘华特’毛花猕猴桃简易架式（浙江泰顺）

有“伤流现象”树木的修剪时期以避开伤流期为宜

2 修剪的时期与方法

2.1 冬季修剪（休眠期修剪）

短截、疏枝、回缩、缓放。

2.2 夏季修剪（生长期修剪）

摘心、疏枝和抹芽。

2.3 调势保质的不同修剪手法

2.3.1 **助势修剪**（扶弱）

多截少疏，弱枝回缩，

去弱留强，去下留上，
强枝强芽带头。

2.3.2 缓势修剪（抑强）

多放多拉，多疏少截，
去强留中，去直留斜，
弱枝弱芽带头。

修剪是猕猴桃的一项重要技术措施，修剪对生长结果的调控作用是显著的，通过看修剪反应，就能不断领悟各种修剪的功能，判断自己修剪的对错，就能不断提高修剪水平。经验重要，领悟更重要。

2.4 修剪的实施

（1）定干：定植后的第一次修剪
（2）主枝的选定和修剪
（3）辅养枝处理和结果枝组的培养
（4）成年树的修剪
重点放在枝组和结果枝的修剪上
（5）衰老树的修剪
用树冠中的旺长枝、徒长枝
取代衰老骨干枝的位置

2.5 修剪的基本步骤

一看　看树体结构，看生长结果习性，
看修剪反应，看树势强弱。
二锯　处理非骨干枝。
三剪　对象主要是骨干枝和枝组。
从上到下，从外到内，
从大枝到小枝。
四查　适当修改欠妥之处。

2.6 修剪的发展趋势

简化修剪；
机械修剪。

3 修剪的基本技术

一般大棚架、“T”形架等采用单主干双主蔓或多主蔓树形，而篱架多采用层形，即单主干双层双主蔓树形或单主干三层双主蔓树形，也可采用扇形。目前，多采用单主干双主蔓形的整形方法。

3.1 幼树整形修剪

苗木定植后，从嫁接口以上留3~5个饱满芽剪截定干，从新梢中选一生长强壮的壮梢作为主干培养。当主干生长至架面附近时距离架面20~30厘米剪梢，促发侧蔓。侧蔓长出后，选留方向适中的侧蔓2~4枝作永久性主蔓培养，如果是种植密度稀的大棚架，可选留3~4枝新梢作永久性主蔓培养；2枝主蔓分两个走向沿行向延伸，3~4枝主蔓均匀分布到3~4个方向。

以后在主蔓上每隔30~50厘米留一侧蔓，并兼作结果母蔓。侧蔓应与主蔓垂直，向架面两边生长。结果母蔓每隔30厘米左右留一结果蔓。“T”形架时，当侧蔓的长度超过“T”形架面宽度时，让其下垂，并与地面保持50厘米左右的距离。“T”形架需要2~3年，而大棚架需要4~6年才能完成。

3.2 整形修剪

提倡单干上架，
架面均匀分布，
注意轻重结合，
适当轻剪。

修剪的依据是品种（系）生长结果习性、树龄、树势、架式、立地条件和栽培管理水平等。

幼龄阶段，营养生长为主，主要结合整形进行修剪，且修剪量宜轻。随着树龄增大，结果母枝和结果枝以及营养枝大量增加，植株生长势由强旺趋向中等，营养生长和生殖生长相对平衡，在修剪上宜采用轻重结合的修剪方法，以调节叶果比例和枝果比例，使结果母枝交替更新，轮流结果。

同一品种不同的架式，修剪时也有差异，大棚架可对结果母枝轻度修剪，而篱架、"T"形架则对结果母枝采用中度或偏重修剪。

修剪时期分冬季修剪和夏季修剪。冬季修剪指在冬季落叶后至伤流期之前开展的修剪，又称休眠期修剪，主要集中在12月至次年1月，必须在伤流期之前完成，修剪太迟，易引起伤流，使树体衰弱，影响剪口芽的萌发。夏季修剪指自萌芽至新梢停止生长期进行的修剪，又称生长期修剪，主要集中在4~8月。

3.2.1 冬季修剪

冬季修剪主要采用短截与疏剪相结合的方法，轻剪长放，疏除过密枝和衰弱枝。而雄株的冬季修剪一般很轻，而在花后再进行复剪，因此，雄株冬剪主要是疏除细弱枯枝，扭曲缠绕枝、病虫枝、交叉重叠枝、位置不当的徒长枝，保留所有生长充实的枝条，并对其轻剪；短截留作更新的徒长枝、发育枝、回缩多年生衰老枝。

猕猴桃秋冬修剪。猕猴桃修剪主要在落叶后进行，一般每平方米架面留3~4根结果母枝，每根结果母枝留芽10~15个，枝粗则长留，枝细则短留，在架面上均匀分布

结果母枝和雄株的开花母枝，必须在有充分光照的部位选留，才有利蜜蜂传粉和果实发育。不论是幼树还是结果期，修剪时首先应疏除病虫枝蔓、枯萎枝蔓、过密大枝及交叉枝蔓，对上年结果枝进行短截，对衰老结果母枝或结果枝组应短截更新。

每平方米架面留3~4条结果母枝，每条结果母枝留芽10~15个。对盛果期树修建时，要避免两种倾向，一种是追求产量实行超轻剪，造成树早衰，商品果率下降，大小年出现；另一种超重剪，造成树体徒长不结果或产量低，对衰弱树则必须实行重剪法，以加速恢复树势。

3.2.2 夏季修剪

猕猴桃夏季修剪非常重要，幼树通过夏季修剪，可形成理想树形，成年树通过夏季修剪，能及时控制新梢旺长，清除过

当年春栽芽苗，当年上架
（长梁红石垭，2015-07-17）

主干引缚不当

当年春高接坐地苗，当年上架（业州罗家坝，2015-07-17）

长梁乡金塘村省工夏季修剪（2014-07）

密枝，改善果园通风透光条件，节约养分，促进果实增大，枝条增粗，提高产量和质量，同时减轻冬季修剪量。主要的方法有抹芽、除萌、摘心、剪梢、疏梢。夏季修剪是雄株的重要工作，主要是把开过花的雄花序枝从基部剪除，再从紧靠主干的主蔓和侧蔓上选留生长健壮、方位好的新梢加以培养，对其不断摘心、抹芽和绑缚。

夏季修剪既是上年度冬季修剪的继续，也是为本年度冬季修剪打好基础，在整个生长季节进行，是一项经常性的工作。修剪得当，可促使树体生长健壮，并减少来年冬季修剪的工作量。

3.2.3 除萌抹芽

猕猴桃抹芽要慎重，萌芽率高成枝率高的品种抹芽措施要强，萌芽率低成枝率低的品种不抹芽，‘红阳’‘金魁’‘金桃’等要抹芽，‘海沃德’不抹芽。

留芽要根据产量和树势来定留芽数，遵循“去上下不去左右，去两端疏中间，留强不留弱”的原则。抹去过密的芽、无用的芽、弱芽，保留健壮的芽，当年定植的苗子，留 2 个健壮芽，其余全部去掉。

除萌要慎重，如果树体弱，一定要把基部萌芽保留几个，培养成壮枝，代替已衰竭的部分。

3.2.4 新梢管理

3.2.4.1 疏梢

疏梢要及时，在能辨别枝的强弱就开始，疏梢时要考虑枝的采光面积和生长空间，疏去病弱枝、下垂枝、轮生枝、过密枝和徒长性秋梢。

3.2.4.2 摘心

当年定植的猕猴桃，幼苗生长期，要及时抹除基部萌蘖和顶芽以外的所有萌芽，以利集中营养让顶芽笔直向上生长，待顶芽生长到架面附近时，距离架面 20~30 厘米剪梢，以产生两个分枝，作为将来的主枝，向两侧分开引缚。

红阳：结果枝在结果部位以上 8~10 片叶摘心，营养枝长到 12~15 片叶时摘心，绑好新梢。

金桃：结果枝在结果部位以上 10~15 片叶摘心，营养枝长到 15~20 片叶时摘心，绑好新梢。

海沃德：中弱梢长甩放，长梢 15 片叶左右摘心，绑好新梢。

果树结果部位外移、基部空秃、结果枝组老化和树体衰竭时，应及时更新，培养主蔓附近抽生的徒长枝留 10~15 片叶进行摘心。

3.3 雄株修剪

雄株开过花后，可以将枝组回缩，疏去病弱枝和树体郁闭部位的多余枝，促壮明年的雄花枝，促使花芽的分化，为雌树腾出空间，增加结果面积。

第四章 花果管理

HUAGUO GUANLI

1 充分授粉

1.1 配置合理的雄株数量

传统的雌雄比例是（8~10）:1，现在增加到（5~8）:1，新西兰有的农场主还采取了“一行雌一行雄”，雌雄比例在3（4）:1，保证了果园充足的花粉来源，有利于生产大果，提高产量。

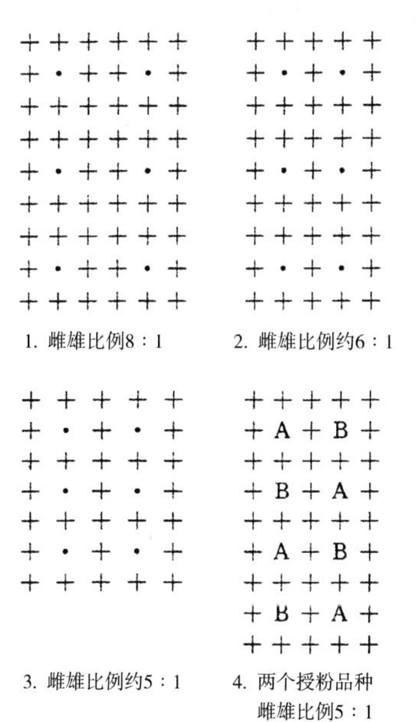

授粉树配置

+：主栽雌性品种 ·：雄株 雌雄比例5：1

最佳配置

1.2 授粉方式

授粉方式主要是自然授粉，还可以通过人工放蜂、人工授粉和机械授粉等方式提高授粉质量。

1.2.1 人工放蜂

放蜂的最佳时期是10%~20%的花开放后，在雌花、雄花都开放时搬箱放蜂为好，以便蜜蜂在两种花上交替采粉、授粉，避免它们只习惯于某一性别的花。据新西兰的经验，放蜂量以每公顷8箱为适宜。

1.2.2 人工授粉

人工授粉在我国的四川、陕西等省

三里乡石牌村

长梁乡金塘村

业州镇罗家坝村

猕猴桃产区广泛采用，取得了非常好的效果，但其花费劳力较大，授粉成本越来越高。目前的人工授粉方法主要采用干粉点授，用过滤烟头蘸粉点授或毛笔点授，或者采用雄花与雌花朵对朵点授。另外，在花期喷 3%~5% 的蔗糖水和约 0.05%~0.10% 硼酸溶液，吸引昆虫授粉，提高坐果率。

1.2.2.1 接触授粉

每天的上午 9：00 开始集中采集雄花，以花蕾露白 1/3、手按有蓬松感为宜，花瓣张开 1/3 也行。授粉时将雄花花瓣去掉，将花药捏紧，在雌花的子房柱头上轻轻地磕碰，一般来说，一朵雄花可授 6~7 朵雌花，这种授粉方法以天晴效果最佳，下雨效果不好。

1.2.2.2 喷雾授粉

每天的上午 9：00 开始集中采集雄花，以花蕾露白 1/3、手按有蓬松感为宜，花瓣张开 1/3 也行。将采回的雄花放在称好的水中，用水量根据实际需要而定，用手用力地搓至水变成淡黄色为止，如果水没有变成淡黄色，要继续加雄花至水变成淡黄色。用纱布过滤，将滤好的水放在1千克的喷雾器中，加入0.1%的硼砂，摇匀后，对已开放的雌花授粉，此法不管天晴下雨都可以用。每2天授一次，至雌花开完为止。

1.2.3 **机械授粉**

现代化的猕猴桃园利用机械授粉，如新西兰与意大利的果园。常用方法有花粉悬浊液授粉、干花粉授粉和混合授粉。主要采用大型机械或小型手持喷雾器及家庭灭蚊用的小喷雾器。

不论是人工授粉还是机械授粉都需要充足的花粉，采花粉的方法主要是先采集露瓣期含苞待放的雄花大蕾，采集花药，在干燥、适宜的温度下使花药开裂散粉，收集待用（详见周年管理历）。

2 疏花疏果

在生产中应注意疏花疏果，合理安排产量以保证果实品质。

2.1 疏蕾

疏蕾针对以序花为主的品种，在早期疏除侧花蕾，保证主花蕾的发育，一般在能分辨花蕾大小时进行。

花蕾完全展露后，疏去侧蕾、畸形蕾、小蕾或病虫蕾。

2.2 疏果

疏果是疏花的补充。一般结果节位在中部的果实其果形最大，品质最好，先端的次之，基部的最差。而在同一花序中，中心花结的果实品质比侧花的果实要好。因此，疏果时根据这一特性，同一花序上疏除侧花果，保留主花果，同一结果枝上，

‘红阳’坐果状（三里乡周立贤园，2014—06—09）

‘海沃德’坐果状（三里乡周立贤园，2014—06—09）

‘红阳’坐果状（三里乡周立贤园，2015—07—16）

3年生‘红阳’坐果状（三里乡周立贤园，2014—06—09）

‘红阳’坐果状（红岩寺镇桃园六组黄振国园，2014—06—10）

‘红阳’坐果状（花坪镇三岔村谢先才园，2014—06—10）

先疏除结果部位基部和先端的果实。

疏果时的留果量要比计划产量适量多留10%左右，新西兰中果型品种的叶果比为4∶1，大果型品种的叶果比为6∶1。

我国选出的大多数品种和品系，是以短果枝和中果枝为主，其叶果比一般为4∶1左右（王仁才等，2000）。

疏果时期要早，在谢花后1个月内需完成。

‘金桃’坐果状（红岩寺镇桃园六组，2014—06—10）

‘金桃’坐果状（花坪镇三岔村谢先才园，2014—06—10）

‘金魁’坐果状（长梁乡金坛村刘克胜园，2014—06—11）

‘红阳’坐果状（长梁乡下坝村周敏园，2014—08—03）

‘红阳’坐果状（长梁乡下坝村周敏园，2014—06—11）

‘建香’（左）坐果状，‘金桃’（右）坐果状（长梁乡下坝村周敏园，2014—06—11）

‘金桃’坐果状，3年生单株坐果426个（长梁乡下坝村周敏园，2014）

‘红阳’头年栽苗，次年结果（业州牛角水，2015—07—17）

‘金桃’坐果状（高坪麻布溪贺茂安园，2015—07—16）

‘红阳’第三年结果状（业州罗家坝，2015-07-17）

‘金魁’第三年结果状（业州罗家坝，2015-07-17）

建始县主栽品种参考产量

品种	3龄果树		4龄果树		5龄果树		6龄以上果树	
	千克/株	千克/亩	千克/株	千克/亩	千克/株	千克/亩	千克/株	千克/亩
红阳	1.0	100	2.0	200	4.0	400	10.0	1 000
金桃	1.5	150	3.0	300	10.0	1000	15.0	1 500
海沃德	1.0	100	2.0	200	8.0	800	12.0	1 200
金魁	2.0	200	4.0	400	8.0	800	20.0	2 000

注：生产管理标准化，果树长势旺盛，果园土壤肥沃

谢花后15天，首先疏去畸形果、病果、小果，然后根据树势、管理水平、树龄确定产量，把握“壮树壮枝多留果，小树弱枝少留果”的原则，疏去多余的果，疏果

‘红阳’不套袋（上）和套袋（中、下）果实比较

务必一次性疏完。一般来说，弱果枝留果不能超过2个，中庸枝3~4个，强壮枝5~6个。

猕猴桃果实亩预留量计算法：4龄果树平均每株果实预留量＝允许最大生产参考产量/品种平均单果重/100株雌株

‘红阳’4龄果树，平均每株果实预留量=200 000克/60克/100株雌株=33个。

3 果实套袋

果实通过套袋，可达到果面干净，降低农药残留，减少果实之间的摩擦伤疤，防止日灼，提高果实的商品性。我国主要采用单层褐色纸袋，日本采用具有隔水性能的白色石蜡袋，效果均很显著。据日本专家介绍，通过使用套袋，还可以有效预防果实软腐病。套袋前需要喷一次杀菌杀虫剂混合液。

‘红阳’套袋栽培

套袋是猕猴桃的一项保护措施，用纸袋给果实建立一个无菌生长环境，不受病菌虫害的侵染，生产的果实整齐干净，绿色无污染，商品外观好，经济效益高。套袋主要应用于有机猕猴桃的生产，适宜于中华猕猴桃、美味猕猴桃的所有品种。

套袋技术流程：选袋—定果—杀菌—套果—补套。果实套袋时间要根据栽培品种的开花坐果习性确定，一般为谢花后10~20天。

3.1 选袋

以单层米黄色薄蜡质木浆纸袋为宜，长15厘米左右，宽11厘米左右，上口中间开缝，一边加铁丝，下边一角开口2~4厘米，纸袋要防水、透气和韧性良好。

3.2 定果

在疏果的基础上，进一步完成没有做到位的工作，把小果、畸形果、病虫果和多余的果疏去，确定套袋的果实。

3.3 杀菌

定果后，对果进行喷雾消毒。

3.4 套袋

待药水干后，马上开始套袋。一手撑开袋口，由下至上将完好的幼果套入袋中，另一只手将袋口从开缝处折成均匀的褶皱，并用袋子侧边的铁丝将皱褶扎紧，袋子要扎绑在果柄上，不可扭伤或扎伤果柄，果袋下口要开。套袋时先下而上，先内后外，动作轻缓。

4 果实的采收及采后处理

4.1 果实采收前的营养状态

施用农家肥，即家禽粪、植物枝叶等拌以少量的磷肥为主复合肥的植株，不仅树体生长健壮，果实发育好，品质优，病虫害也少，而且果实的耐贮性也好。大量施用氮肥，虽然可使果实增大，但果实风味变淡，风味差，在生长期和贮藏期，抗病虫的能力减弱，缩短了贮存的时间。

由于果实含氮过多，还会增大呼吸强度，加快物质消耗，从而加快衰老腐烂进程，降低果品质量。与氮相反，钙可降低果实的呼吸强度，减少物质消耗，保护细胞结构不被破坏，增加果实硬度，从而增强耐贮性，同时用钙处理过的果实，在贮藏过程中硬度下降缓慢，可减轻生理病害。因此，土壤中施钙和采收前数天叶面喷施钙肥（如1%~1.5% 氯化钙等），对提高猕猴桃果实耐贮性有着重要的作用。

4.2 果实采收前的水分状态

水分不仅影响猕猴桃的生长和结果，而且对果实的品质和耐贮性的影响很大。水分过多，降低果品质量，使风味变淡，生长期和贮藏期病害严重。因此，一般在果实采收前 10 天左右应停止灌水，早晨露水未干前和雨天，雾大天不要采果。

4.3 品种的特性

果实的耐贮性和抗病力与品种关系极大，一般晚熟品种比早中熟品种耐贮性好，因为晚熟品种在果实发育后期，气温较低，加之昼夜温差大，树体积累营养物质多，病虫害少，在果实采收时气温比较低，呼吸强度减弱，也有利于贮藏。早熟品种最早的 8 月初成熟，采果时气温高，呼吸强度大，加快了果实的后熟过程，使果实耐贮性变差。通常美味猕猴桃的果实成熟期较中华猕猴桃的果实成熟期晚，美味猕猴桃有的成熟期可延至 11 月份。所以大多数美味猕猴桃品种比中华猕猴桃品种果实的耐贮性好些。

果实茸毛的硬度也影响耐贮性。有的品种果实成熟时茸毛几乎掉光或很少，或者茸毛柔软，如软枣猕猴桃、狗枣猕猴桃、葛枣猕猴桃等果皮光滑无毛，而且成熟又早，所以果实很不耐贮藏。一般美味猕猴桃除成熟期晚外，果实还披着较硬的茸毛，所以美味猕猴桃品种比具柔软茸毛的中华猕猴桃品种耐贮。美味猕猴桃中，毛质硬的成熟时茸毛不易脱落的比毛质柔软易掉毛的耐贮性强。

4.4 采收期

采收期果实采收时间的早晚对耐贮性状有很大的影响。采收过早，果实还未完全成熟，品质低劣，不耐贮藏，始终是硬果，甚至不能后熟，完全不能食用，采收过晚，增加了落果和使果实硬度降低，造成机械伤增多，果实衰老快，贮藏期缩短，掌握果实适宜的采收时期才能得到优质果实。确定猕猴桃适宜采收期，可根据植株花后天数，叶片变黄程度，内源乙烯含量、积温等作参考。

最简便的方法，一般采用测定果实可溶性固形物含量的方法，既准确又便于操作。

一般中华猕猴桃可溶性固形物含量达 6.2% 以上，美味猕猴桃的可溶性固形物含量达 6.5%~8% 就可以采收了。我国农业部颁布的标准，为早中熟品种类的可溶性固形物含量必须达到 6.2%~6.5%；晚熟品种类可溶性固形物达到 7%~8%。新西兰规定可溶性固形物含量要达到 6.2% 以上才能采收。在法国‘海沃德’果实含可溶性固形物达 7% 以上可以采收，最迟可溶性固形物含量为 10% 时采收。

采收时的可溶性固形物含量，不仅品种不同标准不一样，而且与果实贮藏期限有关。如需贮藏时间长或者远销的果实，采收时一般可溶性固形物含量 6.2%~7% 较为适宜；若是短期贮存或就地销售的果实，采收时的可溶性固形物含量可提高到 8% 以上，这时猕猴桃的风味更浓，品质更好，缺点是不耐久藏。

4.5 采收技术

猕猴桃表皮上有一层茸毛，可减轻果皮的机械损伤，而且可减少水分损失，在采收过程中要围绕避免果实遭受机械损伤制定的采收操作要领采果，在采收前要做好准备工作，如准备好采果用的袋、筐及柔软的垫衬等。而且要尽量减少装卸的次数。

采果时一手拉着果枝，一手握住果实轻轻扭动，采下果实，轻轻装入筐、篮中。采果人员必须做到：

（1）采果前不饮酒，不吸烟。

（2）采果前将指甲剪短，戴上手套。

（3）采收按先下后上，先外后内，切忌强拉硬拽。

（4）阴雨天、露水未干或有浓雾时不得采果，阳光强烈的中午或午后也不宜采收。最好把采果时间定在雾已经消失、天气晴朗的午前。

（5）采后尽快运往预冷地点，并快速进行分级包装处理。

（6）必须轻摘、轻放、轻装、轻卸，避免指甲伤、碰压伤、刺伤、摩擦伤，要挑出病虫果。

4.6 分级包装

采收后应该按市场要求进行分级，原则上商品果中华猕猴桃单果重不低于 60 克，美味猕猴桃不低于 70 克。

分级分为手工分级和机械分级。

目前，世界上最先进的采后商品化处理设备是近红外技术质量分级系统（NIR），该设备可以用来对猕猴桃进行无伤扫描，检测其白利糖度（Brix），可溶性固形物含量，内部果肉颜色和瑕疵及果实硬度等多项数据，综合确定其成熟度和损伤度。

包装的好坏对减少果实损耗、保证果品质量、延长贮藏期和货架期有一定的影响。外包装一般选择机械强度较高的容器，如单层托盘或多层包装箱等。多层包装箱可用塑料箱，也可用木箱或硬纸箱。箱体不要太大，装果层数不宜过多，以免压伤。一般每箱以装果不超过 10 千克为好，并且箱内必须分层衬垫，果实分格摆放，果与果之间和果与箱之间都应填充软质衬物，如泡沫塑料等，以保证果实在贮运过程中不受损伤。

近红外技术质量分级系统（NIR）应用于猕猴桃品质检测（新西兰）

机械化化分级、贴标、包装系统
（图片拍自新西兰）

4.7 猕猴桃果实的贮藏

猕猴桃果实采后发生快速软化，是影响贮藏的主要因素。猕猴桃软化主要是由于果实组织内的多糖水解酶和乙烯合成酶促进物质的降解和产生乙烯，进而增强果实的呼吸作用和其他成熟衰老代谢。猕猴桃对乙烯耐受力差，环境中微量的乙烯，对猕猴桃就有催熟作用，果实自己产生的乙烯也具有自我催熟作用。

4.7.1 贮藏注意事项

贮藏过程中应避免果实自身产生乙烯，也不得与乙烯释放量大的苹果、梨、香蕉等水果及蔬菜混在一起贮藏，并在贮存库中放置乙烯吸收剂，以除去果实产生的乙烯，使库内乙烯含量不高于0.01毫克／千克。这样可延缓贮藏初期果实的软化过程，是延长贮藏期的关键。此外，贮存库内空气中要保持二氧化碳的含量达4%~5%，氧气含量为2%~3%，相对湿度90%~95%，库的周围不得熏烟及堆放腐烂的有机物。

4.7.2 冷库贮藏

冷库贮藏是目前比较好的贮藏方法。在资金比较雄厚的地方，采用冷库与气调相结合的方法来贮藏猕猴桃果实，其效果更好。冷库贮藏的具体操作步骤和方法如下。

4.7.2.1 果品处理

猕猴桃果实营养丰富，极易遭受微生物的侵害而变质腐烂，因此入库前必须进行如下处理：

供贮的果实其采摘时间应在可溶性固形物含量达6%~7%时，过早或过晚采果对长期贮藏都有不利的影响。

采摘果实时要剔除伤残果、畸形果、小果和病虫为害果。

果实采收后迅速进行选果、分级、包装，从采摘到入库冷藏在1天之内完成。

在劳力充足的地方，可将果梗剪去大部分，只留短果梗，以免果实相互刺伤。

4.7.2.2 温度的控制

贮藏猕猴桃的最适温度是0~2℃。在果品入库前和入库初，将库内的温度控制在0℃。由于果实入库带来了大量的田间热，会使库温上升，因此，每批入库的果实不能过多，一般以占库容总量的10%~15%为好。这样库内的温度比较稳定，在低温状态有利于长期贮藏。果实入库完毕，应立即将库温稳定在0~2℃。在整个贮藏过程中，尽量避免出现温度升高或较大幅度的波动。

果实出库上市时，由于库内外温差大，会引起果面上产生一层水珠，而易引起腐烂。

对此可以将从库中拿出的果实在缓冲间(或预冷间)中先放一段时间，提高果体的温度后再出库上市，以避免果皮上出现水珠。

4.8 催熟

刚采收下来的猕猴桃，无法立即食用。将这些较硬的果实放置一段时间，使其软化可食的过程叫做催熟。催熟工艺是保证上市商品的成熟度、货架期和商品性一致的重要手段。

对于不同品种、不同产地、不同采收环境、不同采后处理方式的猕猴桃，需要有针对性试验。确定催熟的工艺。

猕猴桃的可食态：用手触摸果实有软感时的状态为可食态。用硬度计测定的硬度为 0.3~0.4 千克 / 平方厘米，犹如人耳垂的硬度。

果实内部成分和状态也显示出可食水平的指标：含糖量达14%以上，柠檬酸1%以下，果肉的颜色加浓，果心的乳白色部分软化。

市场的要求是，在上市后 3~4 天内到达上述的可食状态。

猕猴桃属于呼吸跃变型水果。贮后上市前，果实尚处于休眠状态，硬度较高，没有完全达到可食态。为满足消费需求，需要采取人为措施，促使果实呼吸高峰到来。随着果实中自发乙烯量的增加，水解酶活性也增加，促进淀粉的糖化和酸分减少，而细胞壁果胶物质等的分解，使果实软化，促进成熟过程。

猕猴桃的催熟方法有自然催熟和强制催熟两种。

4.8.1 自然催熟

将收获后的猕猴桃装入放有木屑或米糠的木箱中，用聚乙烯薄膜密封后置于15~20℃的温度下，温度高则催熟速度快。对于经低温贮藏后出库的猕猴桃，在室温下催熟时，贮藏期与催熟时间成反比。

猕猴桃的催熟还与湿度有关，如空气干燥，则不易催熟。

4.8.2 强制催熟

为了加快猕猴桃果实的后熟，可将采收或出库后的果实置于密闭的库内，根据不同品种调整好乙烯浓度，在一定温度和相对湿度下处理。通常采用乙烯利浸果，然后置于 15~20℃温度下，可加快后熟，且具有果实成熟适度一致的优点，这种方法适用于大批量果实一次性催熟。

下表是日本末克泽彦等人（2008）对绿肉猕猴桃‘海沃德’等品种和黄肉猕猴桃‘黄金果’等品种果实进行催熟的方法。

4.9 猕猴桃采后处理温度调节变化

采果→预冷，急冷至 0℃

↓

贮藏，稳定在 0~1℃

↓

催熟，设定在 15 ~20℃（黄肉猕猴桃乙烯处理后，10 ~15℃）

↓

短期贮存，保持在 5℃→上市

绿肉猕猴桃和黄肉猕猴桃的催熟方法

种类	催熟要点	具体方法
绿肉猕猴桃	提高乙烯作用效率	①乙烯处理时和乙烯处理后的温度设定在15~20℃ ②果实达到买方期望的熟度后，将温度从15~20℃设定值至5℃，抑制果实过熟
黄肉猕猴桃	通过控制乙烯处理后的温度，使果实保持适熟状态	①乙烯处理后，在10~15℃下催熟，并随时对果实的追熟情况进行检测； ②当果实硬度达到1.8~2.0千克/平方厘米时，应将果实放置于5℃温度下贮存 ③在催熟过程的后半段，要注意抑制生成的过多乙烯，使果实熟度缓慢增长，延长果实的适熟时间

第五章 病虫防治

BINGCHONG FANGZHI

要按照绿色农产品生产的要求，合理防控病虫为害。

尤其要高度重视细菌性溃疡病的防治。

1 猕猴桃病害

1.1 叶部病害

猕猴桃褐斑病
猕猴桃炭疽病
猕猴桃拟盘多毛孢叶斑病
猕猴桃灰霉病

1.2 花果实病害

猕猴桃软腐病
猕猴桃黑斑病
猕猴桃霉污病
猕猴桃花腐病
猕猴桃粗皮病（生理）

1.3 枝干病害

猕猴桃溃疡病
猕猴桃膏药病
猕猴桃藤肿病

1.4 根部病害

猕猴桃根腐病
猕猴桃立枯病
猕猴桃根结线虫病

1.5 非侵染性病害

缺铁　缺镁　缺钾　缺氮　缺锌
缺磷　缺钙　缺硼　缺铜　缺氯
干旱　授粉不良
石硫合剂药害　膨大剂药害

2 猕猴桃虫害

苹小卷叶蛾　蟀象　金龟子　蝙蝠蛾
介壳虫　斑衣蜡蝉　斜纹夜蛾
甘薯肖叶甲　二星叶蝉
尖凹大叶蝉　八点广翅蜡蝉　叶螨
灰巴蜗牛

3 猕猴桃病虫害的研究现状

猕猴桃野生驯化栽培以来，仅有百余年历史，而商业化栽培仅始于20世纪50年代，全世界大面积广泛栽培则是20世纪70年代以后。因猕猴桃栽培史较短，通常普遍认为它是一种抗逆性强、无需进行病虫害防治、无化学农药污染的纯天然型保健水果。作为最早发展商业化猕猴桃栽培的国家，新西兰亦认可猕猴桃是无病虫的水果，据20世纪50年代中期调查，仅发现普通根癌病有必要进行防治。然而，在大规模商业栽培条件下，一些普遍危害水果和农作物的病虫逐渐开始出现在猕猴桃果园，猕猴桃的病虫害问题逐渐凸显，危害日趋严重。

特别是猕猴桃果实贮藏期的灰霉病（*Botryis cinerea* Persoon）、细菌性溃疡病（*Pseudomonas syringae* pv. *actinidiae*）先后对猕猴桃产业带来了重大的经济损失。到1992年，新西兰已报道的病害约10余种，害虫70多种，此后日本、美国、意大利、伊朗、希腊、韩国等相继报道了猕猴桃病虫害。其中，花腐病（*Pseudomonas syringae*）、果实软腐病（*Phomopsis* sp.）、细菌性花腐病（*Pseudomonas viridiflava* Burk）、葡萄座腔孢菌熟腐病（*Botryosphaeria* sp.）及蜜环菌根腐病［*Armillaria mellea*（Fries）Karsten］（Kikuhrara *et al.*，2010；Balestra，2007；Ma *et al.*，2007；Riccioni *et al.*，2007；Nicotra *et al.*，2003；Han *et al.*，2003；Balestra *et al.*，1997a，1997b；）等发生危害相当严重，已成为猕猴桃的重要病害。

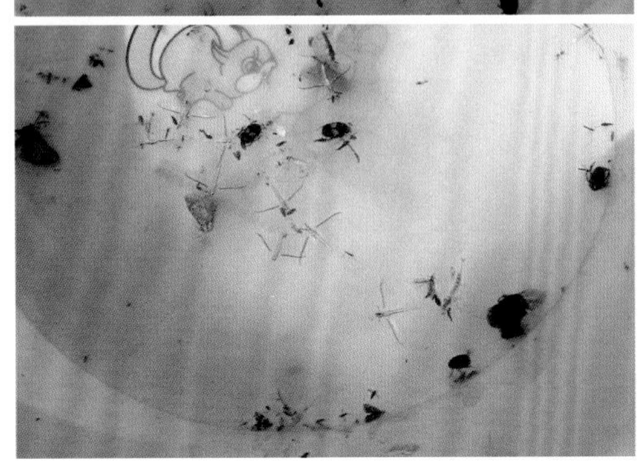

频振式杀虫灯（罗家坝村，2015）

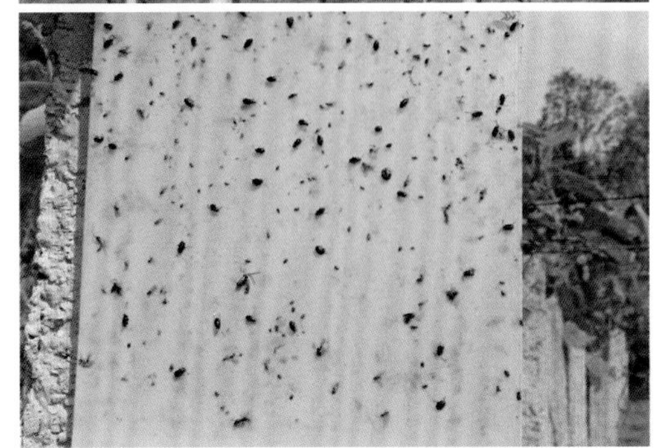

黄色黏虫板（罗家坝村，2015）

3.1 环保病虫害防治方式

3.1.1 每块果园“一盏灯”

推广应用频振式杀虫灯诱杀害虫，利用害虫趋光性原理诱杀天牛吉丁虫类、吸果夜蛾等蛾类害虫。

3.1.2 诱杀害虫“一块板”

利用害虫趋黄性原理，在果树顶部布设黄色黏虫板，诱黏害虫，推广无公害栽培技术。

3.1.3 谨防果伤“一张网”

为避免日灼，提高优质果率，在高温强日照季节使用遮阳网。

4 猕猴桃病害及其防治

4.1 猕猴桃细菌性溃疡病

4.1.1 表现症状

猕猴桃溃疡病是一种严重威胁猕猴桃生产的毁灭性细菌性病害，其病原被列为全国森林植物检疫性有害生物。溃疡病发生后，来势凶猛，危害巨大，给生产造成重大损失。轻者减产、枝条干枯；重者死树，甚者毁园。

猕猴桃细菌性溃疡病是猕猴桃常见病种，为一种毁灭性细菌病害。该病主要危害猕猴桃的主干、枝蔓、新梢和叶片，极易造成植株死亡。该病 1980 年在日本首次发现，1983 年后在美国等陆续发现。1987 年病原菌被鉴定为丁香假单孢杆菌猕猴桃致病性变种 *Pseudomonas syringae* var. *actinidiae*。

1984 年以前，我国没有猕猴桃细菌性溃疡病发生的报道，1985 年最早发现于湖南东山峰农场，并在短短的 10 年时间里，迅速扩散蔓延到我国多数猕猴桃栽培区域。该病来势凶猛，常常大规模暴发，导致大面积毁园，造成严重的经济损失，直接威胁猕猴桃产业的发展。1996 年猕猴桃细菌性溃疡病菌被列入我国森林植物检疫对象名单。

猕猴桃细菌性溃疡病是一种腐生性强，又极耐低温的细菌性病害，侵染具有隐蔽性，发作具有暴发性，损害具有毁灭性。由于该病害隐蔽性强，一般在侵染未流出菌脓前很难发现，而一旦发现有菌脓流出，则会迅速扩大蔓延，严重发作时形成死树毁园。

溃疡病一般发生在春季伤流期、开花期和秋季，主要为害主干、枝蔓、叶片及花蕾等部位。新生嫩叶初染时出现褪绿小点，水渍状，后发展为 1~3 毫米不规则形或多角形的褐色病斑，边沿有明显的黄色晕圈；新梢顶部染病后变成水渍状直至变成黑褐色，萎缩枯死。花蕾受害，不能张开，蕾外侧变成褐色，严重时脱落；花瓣变成褐色，不开放，即使开花，花朵形状也不完全。

主干和枝条受害，皮层组织呈水渍状，变软，稍隆起。枝干发病初期首先漫出细丝状黏液，进而变成青白色至暗红色的树液淌出，病枝不易发芽，即使发芽，新梢不久便枯萎。当病斑扩大为 1 厘米宽、数厘米长的条斑后，病部开裂，皮层和木质部分离，病斑周围变为暗褐色或黑色。病斑绕茎后，上部枝叶萎垂枯死。

大部分树体染病后，在春季伤流期，皮层会渗溢出铁锈红色的胶状物，此为该病害的典型症状。病菌随流液扩展，蔓延至木质部，致其变褐腐烂。

4.1.2 病原

病原为丁香假单胞杆菌猕猴桃致病变种。细菌菌体为直杆状，有的稍弯曲，大小为（1.4~2.3）微米 ×（0.4~0.5）微米。

该菌腐生性强且耐低温，对高温适应性差，在 5℃下可以繁殖，15~25℃为最适宜温度。适温下，潜育期为 3~5 天，一般感病后 7 天可见明显症状。30℃下短时间也可繁殖，但经过 39 小时即可能死亡。

染病叶片在 5℃下可出现病症，15℃下病斑迅速扩大，28℃时开始受抑制，30℃以上则不发病。

4.1.3 侵染循环

病菌主要在病残体或树体病枝上越冬，翌年3月开始侵染，4月中下旬为发病高峰期，该菌从伤口和自然孔口侵入，主要为害主干、侧蔓和枝。

侵染部位多从衰弱的枝干皮孔、芽基、落叶痕、枝条分杈处及修剪伤口开始。发病组织不管是皮层、木质部，还是中心髓都可以潜伏病原菌，其中皮层部位的病菌繁殖最为活跃。

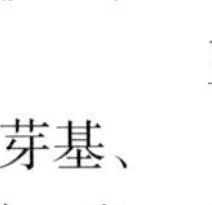

低温高湿，多雨天气，气温突降遇冻后或先年超负荷挂果，树体抵抗力下降后，有利于病菌侵入；农事操作人为碰伤，修剪锯口愈合慢时，有利于病菌侵入。

在传染途径上，一般是从枝干传染到新梢、叶片，再从叶片传染到枝干，干枯落叶及土壤不具传染性。风雨有利于传染和蔓延。

‘红阳’溃疡病症状（花坪，2013）

‘红阳’溃疡病症状（长梁，2014）

‘红阳’溃疡病症状（花坪，2013）

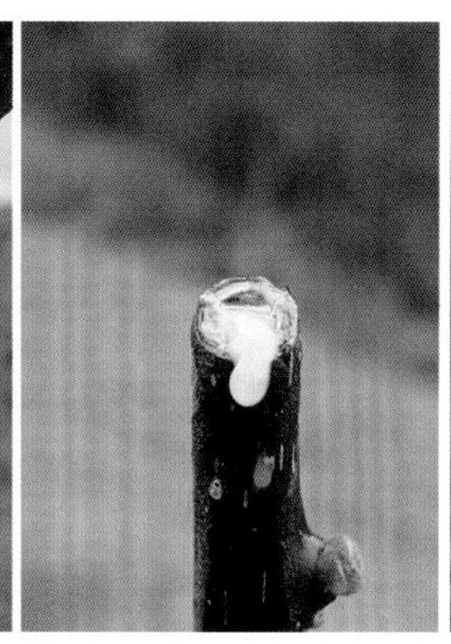

‘红阳’溃疡病症状（红岩寺，2014）

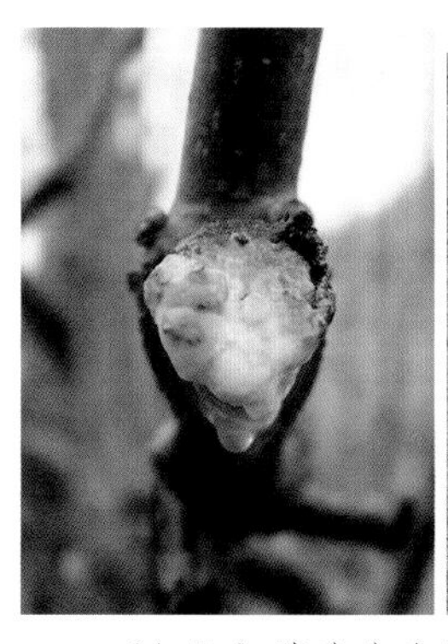

‘红阳’溃疡病症状（长梁，2014）

4.1.4 技术要点

建始县三里乡石牌村周立贤认为建始县花坪猕猴桃溃疡病发病原因有三：

一因气温低（高海拔）；

二为施肥重（过量施用氮肥）；

三是修剪迟（叶片贪青落叶迟，不等落叶即霜冻，不等愈伤即伤流）。

周立贤采用敌克松治疗流脓，用薄膜包扎，一般三天后即愈，若有不愈者，再用药 1 次，全部幼树均已治愈。

具体步骤：刮除病斑，涂杀菌剂，包薄膜扎。

措施：修剪时期，宜在采果施肥后落叶期进行，否则愈伤差，易伤流，易感病；冬剪后，剪锯口涂以桐油或清漆保护伤口；高海拔低温地域不宜栽植易感品种；切忌过量施用氮肥；及时细致清园消毒。

4.1.5 防治猕猴桃溃疡病技术要点

（1）选用抗病品种，如‘金魁’‘华特’。

（2）采用起垄覆土栽培，坐地苗嫁接建园。

（3）严格检疫，选用健壮无病毒苗木建园。

（4）控制产量，合理负载，保持健壮树势。

（5）重施有机肥，改善土壤理化性质；增施磷、钾肥，合理施用钙肥、硼肥，提高树体抵抗力。

（6）严格清园消毒，降低病虫基数。

（7）适时采用物理防治，发现枝梢有溃疡病斑时，及时剪除、刮除或纵划后涂药。

（8）合理进行化学防治，以保护剂为基础，注意治疗剂和保护剂的配合施用。

4.1.6 防治猕猴桃溃疡病综合措施

预防为主，综合防治，以优质稳产为出发点，以增强树势为重点，综合运用农业、生物及化学药剂等防治手段，统防统治，全面防控溃疡病。

4.1.6.1 农业防治

（1）选用抗病品种。目前，生产上应用的‘金魁’‘海沃德’等品种较抗病。‘红阳’等品种最易感病，应慎重发展。

（2）选用健壮无病毒苗木建园，杜绝溃疡病远距离传播。

嫁接用接穗应选在无感病史的健壮树上采集，防止嫁接传染。易感品种嫁接时将削好的接穗在膏剂噻霉酮中蘸一下再插接穗，或在接口涂抹噻霉酮后包扎。

‘红阳’溃疡病症状（长梁，2014）

刮除病斑，涂杀菌剂，包薄膜扎
(花坪镇黑溪坝村)

不得已从发病园引入的种条，嫁接前，用800~1000倍噻霉酮处理，接穗削好后同样进行处理。

（3）控制产量。根据树势确定适宜负载量，搞好疏蕾、疏花和疏果，防止超产。一般中华猕猴桃亩产量保持1 000~1 500千克：美味猕猴桃亩产量保持在2 000~2 500千克，防止出现大小年，保持健壮树势，以提高抵抗溃疡病的能力。

（4）加强土水肥提倡平衡配方施肥。有机肥与化肥，大量元素、中量元素、微量元素配合施用，不偏施氮肥。在果实采收前后（9月下旬至10月中下旬）施入3~5立方米/亩腐熟有机肥，增加磷、钾肥比重。

按亩产1 500千克优质鲜果的施肥量（千克）N：P：K=12：18：15（另增配Fe、Mg、Zn、B等）施用猕猴桃专用有机复合肥。

应根据猕猴桃需水规律及降水情况适时灌溉，特别是夏季高温时。雨期注意排除渍水。生长期进行树盘覆草（树行两边各75厘米），行间生草。

4.1.6.2 化学防治

（1）休眠前。对易感病品种，10月份于嫁接口附近、枝蔓分权处纵划涂抹膏剂噻霉酮。还可短截下垂枝，将其剪口插于悬挂于架上的700倍液噻霉酮溶液的瓶中，通过维管束吸收药剂达于全株防治病害。

采果后至落叶前，每10~15天，喷布20%噻菌铜600倍液等杀菌剂1次，连喷2~3次。

（2）休眠期。冬季修剪后至萌芽前，喷3~5波美度石硫合剂、150~200倍施纳宁、100~150倍21%过氧乙酸、500倍机油－石硫微乳剂等，连喷2~3次。树干、枝蔓均应喷到，彻底清园。

如剪锯口或树体的病斑过大，可选医用凡士林拌杀毒矾（或施纳宁、敌克松），在刮去病部坏组织后涂抹此膏，既能保护伤口不受病菌侵染，又能使新的

溃疡病防治试验（长梁乡金塘村，2014）

溃疡病防治试验（长梁乡下坝村，2015）

‘海沃德’溃疡病划治后
恢复状（花坪校场坝冉邦社，2015）

在主干上特别是嫁接口附近纵划树皮，涂抹噻霉酮膏剂，预防溃疡病效果好，还可促进主干增粗，增强营养运输及负载能力。该园经治疗后的‘海沃德’植株已恢复正常结果

溃疡病划治后恢复状（长梁乡金塘村，2014）

皮层快速生长，是一个切实可行的综合治疗方法。

（3）伤流期。萌芽后至花期，喷3 000~4 000倍液醚菌酯（翠贝）或800~1 000倍噻霉酮，1 000万~1 500万单位农用链霉素1000倍液或800倍液梧宁霉素或20%噻菌铜600倍液。连喷2~3次。从2月中旬开始，每10天检查1次全园植株，发现大枝有溃疡病斑时，及时刮除或纵划后涂药。划治时在有病斑大枝周圈进行，划口长度至病斑上下各3~4厘米，可以有效阻止病斑向健部扩展。若病斑已扩展至大枝的周圈，则在病斑以下10~20厘米处剪除，剪口涂噻霉酮或拂蓝克，隔6~8天后再涂抹1~2次。发现小枝有病斑时疏除带出园子烧毁，剪口涂抹拂蓝克或噻霉酮膏剂。若在结果母枝基部20厘米左右长度纵划涂抹噻霉酮，既能预防溃疡病，又可促发基部枝蔓。

（4）秋季（9月份）。对主干、主蔓、嫁接口、结果母枝基部、较粗枝分杈处纵划涂抹噻霉酮，可有效预防次年发病，枝干溃疡病发病率仅1.4%，而不进行纵划涂抹的枝干发病率达34%。

4.2 猕猴桃根结线虫病

4.2.1 表现症状

根结线虫病是猕猴桃根部的一种重要病害，通过危害根系，造成地上部分受损。该病造成植株矮小，产量降低且果实品质差，严重时植株萎蔫死亡。

受害根系萎缩，根上形成单个或成串近圆形根瘤，或者数个根瘤融合成根结团。初期根瘤及根系颜色相同，根瘤表面光滑，先在嫩根上产生细小肿胀或细小瘤，数次侵染则形成较大瘤；瘤状物初期白色，后浅褐色，再深褐色，后期根瘤及其附近根系逐渐变黑并腐烂。未腐烂的根瘤内可见乳白色的梨形或柠檬形线虫。受害植株树势衰弱，发梢少而纤弱，叶片黄化及提前脱落。

4.2.2 防治方法

猕猴桃受根结线虫为害很难根治，所以预防重于治疗。

4.2.2.1 检疫防治

严禁从病区调运苗木，一经发现病苗或重病树要挖取烧毁。建立无病苗圃。

4.2.2.2 农业防治

育苗基地，采用水旱轮作（水稻⟷猕猴桃苗，每隔1~3年）育苗对防治感染根结线虫有很好的效果。搞好土壤改良，改善土壤通透性。多施有机肥。

4.2.2.3 化学防治

轻病株剪掉病根后，要进行浸根处理，放入44~48℃温水中浸泡5分钟，或用0.1%有效成分的克线丹、克线磷水溶液浸根1小时，可有效地杀死根结线虫。重病株淘汰并集中烧毁，同时进行土壤消毒。

根结线虫病发病症状（图片来自吴增军等，2007）

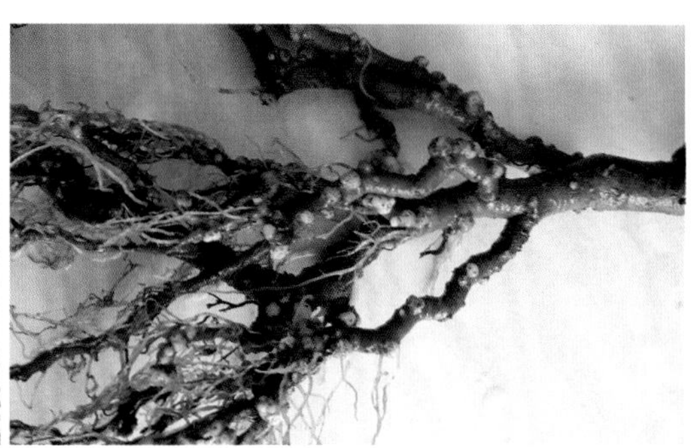

猕猴桃根结线虫为害状（2014）

用杀根结线虫剂进行土壤处理，0.1% 克线丹、克线磷每亩 3~5 千克，施于树干周围的环形沟内覆土。在病树树冠下 5~10 厘米土层撒施 100% 克线丹或 10% 克线磷（3~5 千克 / 亩），后浇水，也有防效。

用 1.8% 阿维菌素（680 克 / 亩）兑水 200 千克，浇施于耕作层（深 15~20 厘米），有很好效果。

用 3% 米乐尔（氯唑磷）颗粒剂撒施、沟施或穴施，用药 6~7 千克 / 亩，药液将渗入并停留在 0~20 厘米土层内，药效期长达 2~3 个月。

4.3 猕猴桃根腐病

4.3.1 表现症状

猕猴桃根腐病为毁灭性真菌病害，能造成根颈部和根系腐烂，严重时整株死亡。绝大部分病株是由于施肥与灌水不当，造成根系活力下降，从而受病菌侵染所致。

多种病原可导致根腐，不同的病原引起的根腐病症状不同。发病初期根系皮层腐烂，后期危害木质部。

根腐病一般 4~5 月开始发病，7~9 月是严重发生期，10 月以后停止发病。高温高湿条件下病害扩展流行迅速，在土壤黏重、排水不良的果园会加重病害的传播与扩展。

4.3.2 防治方法

4.3.2.1 农业防治

雨季做好开沟排水工作，定植不宜过深，施肥要施腐熟的有机肥。严禁把未经熟化的生粪施入猕猴桃园内，以免招引各种地下害虫，影响肥效的发挥。园地最好要选择在通透性好的沙壤土上。已建在黏土地上的猕猴桃园，要深耕、掺沙改土。

4.3.2.2 化学防治

树盘施药在 3 月和 6 月中下旬，用 60% 代森锌 0.5 千克加水 200 千克灌根。防治腐霉菌引起的根腐病选用 58% 甲霜灵・代森锰锌可湿性粉剂 500 倍液灌根。

4.4 猕猴桃藤肿病

4.4.1 表现症状

猕猴桃的主侧蔓中段突然增粗，呈上粗下细的畸形，有粗皮、裂皮，叶片泛黄，花果稀少，严重时裂皮下的形成层开始褐变坏死，具有发酵臭味，病株生长较慢至整枝枯死。

4.4.2 病原

根据文献记载，藤肿病主要是由于树体缺硼所致。在猕猴桃生长季节中期，田间取样分析健康植株充分展开的叶片，硼的含量通常是每克干物质含硼 50 微克，液体培养和田间取叶分析结果表明，当充分展叶的最幼嫩叶片硼含量降到每克干物质 20 微克以下时，就会出现缺硼症状，引起藤肿病。

4.4.3 发病规律

藤肿病多发生在轻砂质土壤和有机质含量较低的土壤中，过量使用石灰可以降低土壤中含硼化合物的可溶性，从而诱发缺硼。

猕猴桃藤肿病症状

疑似藤肿病（业州牛角水2015—07—17）

猕猴桃缺硼藤肿病症状

4.4.4 防治方法

每年花期喷硼砂液1~2次（浓度为0.2%）。根际土壤施用硼肥，每隔2年左右，在萌芽至新梢抽生期（4~5月）地面施用硼砂，每亩0.5~1千克，将土壤速效硼含量提高到0.3~0.5毫克/千克，枝梢全硼含量达到25~35毫克/千克。

合理增施磷肥和农家肥，利用磷硼互补的规律，保持土壤高磷（速效磷含量为40~120毫克/千克）、中硼（速效硼含量达0.3~0.5毫克/千克）的比例。

4.5 猕猴桃褐斑病

褐斑病是猕猴桃产区的重要叶部病害，导致叶片早落，对当年和次年产量影响很大。此病流行年份成年果园病叶率可达50%~100%，采果前有些果园功能叶几乎全部掉光。

4.5.1 表现症状

褐斑病主要危害幼嫩叶片。嫩叶刚展开即可受害，初期形成近圆形暗绿色水浸状斑，扩展到褐色小圆斑，边缘有褪绿晕圈。多雨高湿条件下，病斑迅速扩展，直径达1厘米以上，边缘深褐色，中央浅灰色，具明显轮纹，病健分界明显。一般在叶背形成大量灰黑色霉层，潮湿时正面也有多个病斑，常连合在一起，引起叶片枯死、破裂和早落。老病叶脱落后重新发出新叶，新叶继续受害。

4.5.2 发病规律

病菌以菌丝体或分生孢子的形式在病残体内越冬，翌年春天形成分生孢子，借风雨传播，萌发侵入叶片组织，辗转为害。在高温高湿条件下，发病较重。一般在5~6月开始发病，7~8月进入盛发期，9月如多雨、湿度大，则发病严重。

4.5.3 防治方法

4.5.3.1 农业防治

及时清除病枝、病叶，集中烧毁或深

猕猴桃褐斑病（花坪三岔村，2015）

理，减少病菌来源。加强栽培管理，注意整形修剪，使猕猴桃园通风透光；施足基肥，避免偏施氮肥，增施磷、钾肥，适量施用硼肥。

较新研究认为，猕猴桃褐斑病与缺钙有关。在谢花后，每亩撒施 50~100 千克生石灰，然后松土将其翻入土中，两年后对减轻病害有明显效果。

4.5.3.2 化学防治

发病初期，喷施 70% 甲基托布津 1 000 倍液，80% 大生 M-45（代森锰锌）可湿性粉剂 1 000 倍液。每隔 7~10 天喷施 1 次，连续喷施 3 次。常用的内吸性杀菌剂还有 25% 嘧菌酯悬浮剂 2 000 倍液、10% 苯醚甲环唑水分散颗粒剂 1 500~2 000 倍液、75% 百菌清（四氯间苯二甲腈）可湿性粉剂+70% 多菌灵可湿性粉剂（1∶1)500倍液、75% 百菌清可湿性粉剂 +50% 速克灵（腐霉利）可湿性粉剂（1∶1）1 000 倍液等。

注意：采果前 30 天应停用化学杀菌剂。

4.6 猕猴桃炭疽病

炭疽病是猕猴桃生产中的主要病害之一，各产区均有发生，主要危害叶片，也可危害枝条和果实。它常随其他叶斑病发生而相继发生，导致病害加重，造成叶缘焦枯，提早脱落。

4.6.1 表现症状

发病多从猕猴桃叶片边缘开始，中间部位也较普遍。初期呈水渍状，后期变为褐色不规则形病斑。边缘病斑呈半圆形，中间病斑呈近圆形，病健交界明显。后期病斑中央呈灰白色，边缘呈深渴色，病斑正背面散生许多小黑点（即病菌的分生孢子盘或子囊壳）。受害叶片边缘多个病斑连合在一起，致叶缘焦枯、卷曲，干燥时叶片易破裂。

4.6.2 发病规律

病菌主要以菌丝体或分生孢子盘的形

式在病残体或芽鳞、腋芽等部位越冬。翌春温湿度适宜时，越冬病菌产生分生孢子从伤口、气孔或表皮直接侵入，病菌有潜伏侵染现象。炭疽病在树势衰弱、高温、多雨、高湿条件下易流行，当其他叶斑病发生时容易在受害的区域与其他病害混合发生，共同加重危害。

4.6.3 防治方法

4.6.3.1 农业防治

加强果园土水肥管理，重施有机肥，合理负载，科学整形修剪，创造良好的通风透光条件，维持健壮的树势，减轻病害的发生。结合秋季施肥和冬季修剪，清扫落叶落果，疏除病虫危害的枝条，消灭越冬的病原。

4.6.3.2 化学防治

萌芽前，全园喷一次5波美度的石硫合剂消灭树体表面的病菌。谢花后和套袋前施药一次。药剂可用25%扑菌唑（咪鲜胺乳油）800~1 500倍液、25%吡唑醚菌酯乳油2 000倍液、25%嘧菌酯悬浮剂1 000~1 500倍液、50%多菌灵600倍液或70%甲基硫菌灵800~1 000倍液等。

4.7 猕猴桃灰霉病

4.7.1 表现症状

灰霉病主要危害叶片、花和果实。叶片边缘或叶尖感染后，出现褐色坏死，略具轮纹状，潮湿时上面着生大量灰色霉层。花受侵染后，初呈水渍状，后逐渐变褐腐烂，表面形成大量灰色霉层（即病菌的分生孢子梗和分生孢子）。落花时，正常花瓣或染病的花瓣落到幼果的肩部黏住，导致幼果感染，形成圆形或不规则形褐色病

叶片症状

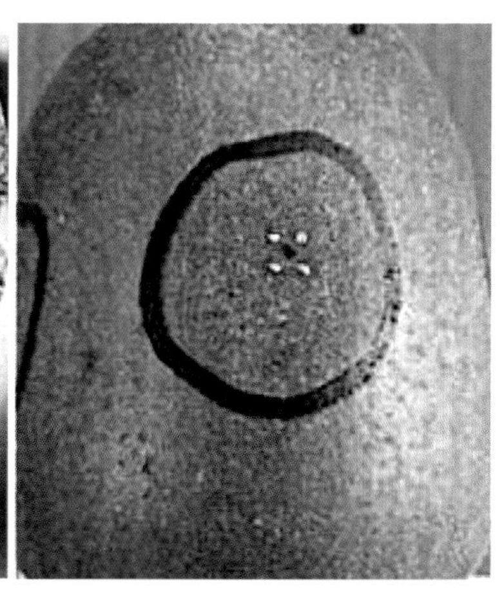
果实症状

猕猴桃炭疽病症状

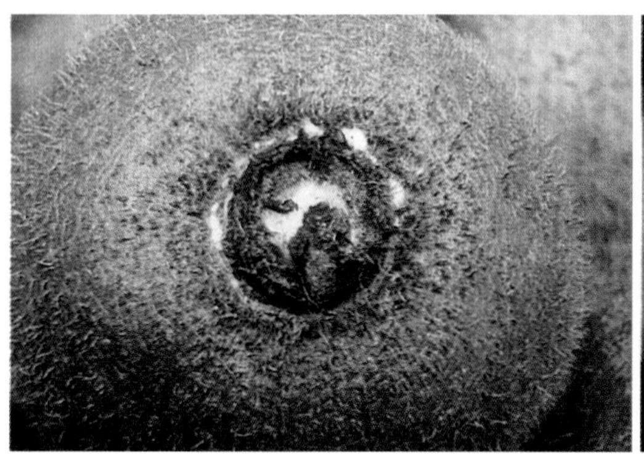

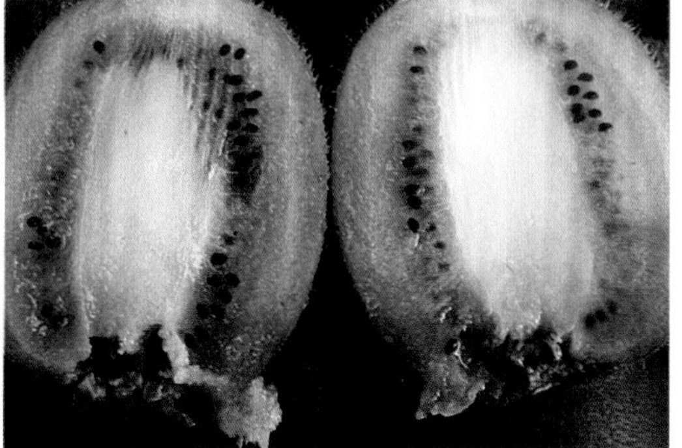

果实灰霉病发病症状（图片由四川中新农业陈美艳提供）

斑，由于早期果实相对抗病，故一般田间腐烂现象不常见。但田间已经感染的果实，在冷冻库内会很快发病，出现灰色霉层，果实腐烂变质失去食用价值。在潮湿的环境里，果柄和侧生结果枝也有可能感染。有时在腐烂部位形成黑色不规则的菌核。

4.7.2 发病规律

病菌主要以菌丝体、分生孢子的形式在病残体上，或以菌核的形式在病残体、土壤中越冬，病菌一般能存活4~5个月，越冬的分生孢子、菌丝、菌核成为翌年的初侵染源，病菌靠气流、水溅或园地管理传播。

4.7.3 防治方法

4.7.3.1 农业防治

及时清除病残体，如枯枝、落叶、病叶、病花等，减少侵染源；整理藤蔓，降低园内湿度；加强肥水管理，提高植株抗病性。

4.7.3.2 化学防治

施药时期在盛花末期，用50%多菌灵可湿性粉剂800倍液、75%百菌清可湿性粉剂600倍液、50%扑海因（异菌脲）可湿性粉剂800倍液或70%代森锰锌可湿性粉剂600~800倍液，每隔7~10天喷施1次，注意轮换用药，贮藏期可以采用硫酸氢钠缓慢释放二氧化硫气体，达到防病保鲜的目的。

4.8 猕猴桃软腐病

软腐病又称熟腐病或褐腐病，是猕猴桃生产中的重要病害之一，主要危害近成熟期和贮藏期的果实，造成挂果期落果和贮藏期大规模腐烂，同时也能引起枝蔓与叶片枯死。

4.8.1 表现症状

软腐病主要危害果实、叶片、枝蔓。果实被害多发生在收获和贮运期，初期病斑呈浅褐色，周围黄绿色，病健交界处呈暗绿色晕环带。病部果肉呈淡黄色，内部呈海绵状空洞，中后期病斑渐凹陷，近圆形至椭圆形，褐色，中央常出现锥形腐烂点，表皮不破裂，但易与果肉分离。常温下果实迅速变软，发病6天内可致整个果实腐烂。后期病部产生白色菌丝体，并有组织液渗出。病果逐渐失水，菌丝体颜色加深，最后形成黑色子实体。

叶片受害多从叶缘开始，初期为褐色半圆形病斑，逐渐向整个叶缘或叶片中心扩展，褐色至深褐色，病害发展至后期导致叶片焦枯或脱落。

枝干受害多发生在衰弱枝蔓上，初期病斑呈浅紫褐色，水渍状，后转为深褐色。在湿度大时，病部迅速绕茎横向扩展，深达木质部，皮层组织大块坏死，造成枝蔓萎蔫干枯。后期病斑上产生许多黑色小点粒（即病菌的子座）。

病菌分布广，具腐生性，可在病残体上附生越冬，能侵染猕猴桃、杨树、梨树、桃树、桉树、橄榄和苹果等果树林木，造成枝干溃疡、流胶、枝枯和果实腐烂等病害。

4.8.2 发生规律

病菌分布广，具腐生性，可在病残体

果实症状

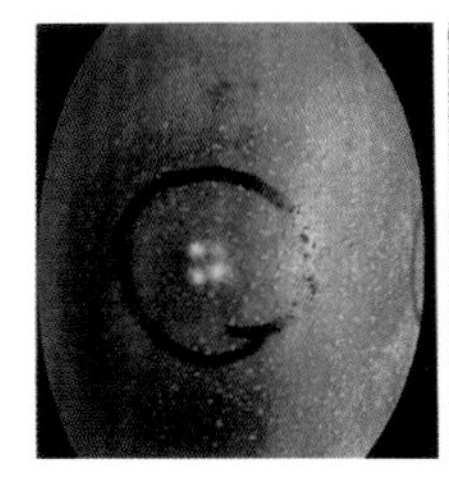

果实软腐病发病症状（陈美艳提供）

上附生越冬，能侵染猕猴桃、杨树、梨树、桃树、桉树、橄榄和苹果等果树林木，造成枝干溃疡、流胶、枝枯和果实腐烂等病害。

病菌主要以菌丝体或子实体的形式在病残体或枝干上越冬。翌年春天气温回升后，子囊孢子或分生孢子释放，借风雨传播。对果实的侵染始于花期和幼果期，在果肉内潜伏侵染，一般要到果实后熟期才表现出症状。枝蔓与叶片染病多从伤口或自然孔口侵入。温度和湿度是影响此病发生的决定性因子，病菌生长适温为25℃。子囊孢子的释放需靠雨水，在降雨1小时内开始释放，2小时可达高峰。冬季受冻，排水不良，挂果多，树势弱，枝蔓瘦小，肥素不足的果园发病较重，枝条死亡多。

4.8.3 防治方法

4.8.3.1 农业防治

彻底清园，清扫落叶落果，剪除病枝，消灭病菌载体；加强果园管理，重施基肥，及时追肥，增强树势；减少园地荫蔽，改善通风及光照条件；谢花后一周开始幼果套袋，对预防该病有很好的效果；采收、运输中避免果实碰伤；低温贮藏。

4.8.3.2 化学防治

春季萌芽前结合其他病害一起防治，喷施3~5波美度的石硫合剂。谢花后2周至果实膨大期喷施80%甲基托布津（甲基硫菌灵）可湿性粉剂1 000倍液或80%敌菌丹（四氯丹）可湿性粉剂1 000倍液。

幼果期结合喷药，根外喷施0.2%~0.3%钙肥2~3次，对降低发病率效果明显。

果实外观受害状

叶片背面受害状

果实黑斑病发病症状

猕猴桃黑斑病叶片症状（业州，2015-10-25）

猕猴桃黑斑病叶片症状

4.9 猕猴桃黑斑病

4.9.1 症状

猕猴桃黑斑病又称黑疤病，主要危害果实，6月上旬开始出现症状，初期果面出现褐色小点，随果实生长发育，病斑逐渐扩展，颜色转为黑色或黑褐色，受害处组织变硬，下陷，失水形成圆锥状硬块。随果实膨大，病果逐渐变软脱落，病斑周围开始腐烂，但下陷部始终为一硬疤。病果入冷冻库后会继续发病，一般10~20天内变软，甚至腐烂。当果面有多个病斑时，果实完全丧失商品价值。叶片上也有一定发生。

4.9.2 发病规律

一般6月开始出现症状，7月下旬开始落果，一直持续至采果。贮藏运输期为发病高峰期，是由真菌引发的传染性病害。

4.9.3 防治方法

4.9.3.1 农业防治

冬季清园，结合修剪，彻底清除枯枝落叶，剪除病枝，消灭引起侵染性病害的病原。施足基肥，增强树势，提高抗病力。

4.9.3.2 化学防治

春季萌芽前喷施3~5波美度的石硫合剂。幼果期套袋前，施用70%甲基托布津可湿性粉剂1 000倍液、25%嘧菌酯悬浮剂2 000倍液或10%苯醚甲环唑水分散颗粒剂1 500~2 000倍液等。

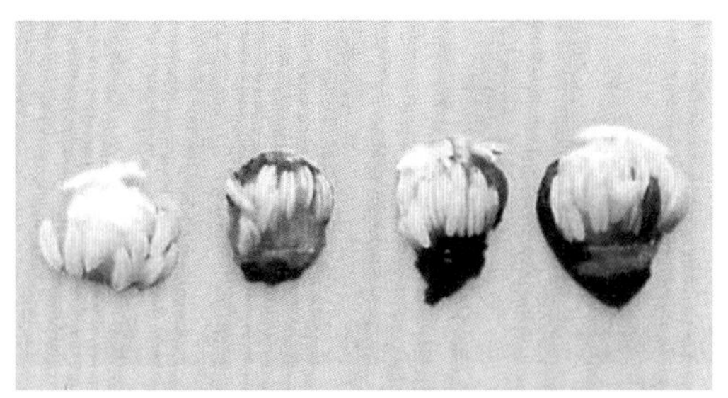

猕猴桃花腐病症状

4.10 猕猴桃花腐病

4.10.1 表现症状

花腐病主要危害花和幼果。首先使花瓣变褐腐烂，雄蕊变为黑褐色，在花萼上出现下凹斑块，花蕾膨大，花瓣呈橙黄色，内部器官呈深褐色，花蕾不能开放，终至脱落。病菌从花瓣扩展到幼果上，引起幼果变褐萎缩，病果易脱落。

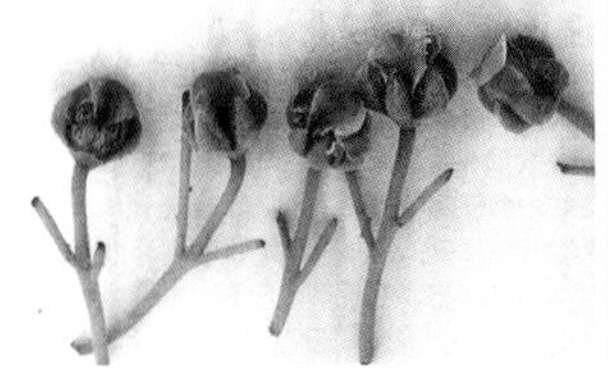

花腐病发病症状（余中树和陈美艳提供）

4.10.2 发病规律

花期温度偏低，遇雨或园内湿度大时，此病发生较重。病原菌在树体的叶芽、花芽和土壤中的病残体上越冬。早春随风、雨、人为活动在果园中传播。在自然传播中，雨水是主要传播途径。在人为活动传播中，人工授粉是主要传播途径。猕猴桃花腐病与气候密切相关，发病率与花期的降水量呈正相关关系。栽植密度大、生长过旺、过量施肥的果园发病率高于种植密度适中、生长中等、平衡施肥的果园。

4.10.3 防治方法

4.10.3.1 农业防治

改善花蕾部的通风透光条件，加强园地肥水管理，摘除病蕾病花。

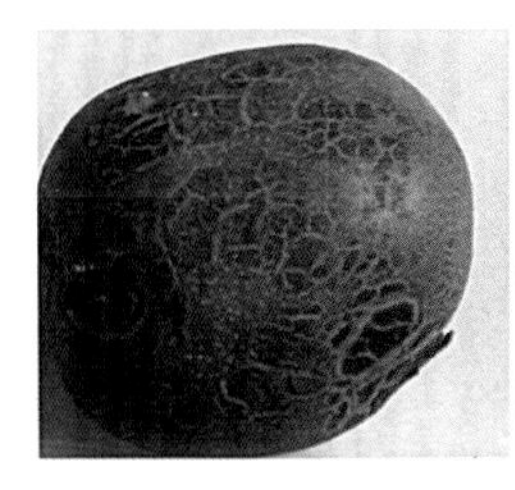

猕猴桃粗皮病

4.10.3.2 化学防治

萌芽前，萌芽至开花前，采果后各喷药一次。药剂用100毫克/升农用链霉素。

4.11 猕猴桃粗皮病（生理）

4.11.1 表现症状

粗皮病俗称风疤。从幼果期开始表现症状，仅危害果皮，褐色至深褐色，受害表皮组织木栓化，呈疮痂，表皮十分粗糙，使果实丧失商品性。

4.11.2 病原

主要由于风吹或其他外因损害果皮。幼果期至膨大期果实之间或果实与外物之间，机械摩擦划伤表皮所致。

4.11.3 防治方法

以农业防治为主，防止机械伤、风伤，适当疏果和套袋可减轻危害。

4.12 猕猴桃膏药病

膏药病多出现在土壤速效硼含量偏低（10毫克/千克以下）的猕猴桃种植园。高温高湿环境下发病较多，树冠郁闭的老果园普遍发生。

4.12.1 表现症状

膏药病主要发生在2年生以上的枝干分杈处和1年生以上的枝蔓上，多与枝干粗皮、裂口等症状伴生。发病初期在枝干上形成一层白色的菌膜，表面光滑，呈圆形或椭圆形，扩展后中间呈褐色，边缘仍为白色或灰白色，最终变为深褐色，像膏药一样贴在枝干上。膏药状子实体衰老时往往发生龟裂，容易剥落，受害严重的树干早衰，枝蔓枯死。

4.12.2 发病规律

病菌以菌丝体的形式在病枝干上越冬，借助气流与介壳虫传播（以介壳虫的分泌物为养料，与介壳虫相伴而生）。在高温多湿条件下形成子实体。树体缺硼、介壳虫为害严重的果园，对该弱性寄生菌的抗性降低，膏药病发生严重。

4.12.3 防治方法

4.12.3.1 农业防治

清除病枝，合理修剪以通风透光；萌芽至抽梢期根据土壤每平方米施1克硼砂，同时喷施0.2%硼砂液防治粗皮、裂皮、藤肿和流胶等现象。

4.12.3.2 化学防治

刮除菌膜，涂抹3~5波美度的石硫合剂或三灵膏（凡士林2.5克，多菌灵2.5克，赤霉素0.05克调匀），也可用1∶20的生石灰浆涂抹伤口。

防治介壳虫（参照介壳虫的防治方法）。

4.13 猕猴桃白粉病

4.13.1 表现症状

该病是一种由真菌引发的传染性病害，一般7月上中旬开始发病，8、9月达发病高峰。氮肥过量，枝叶徒长，通风透光不良均有利于病菌的滋生。

4.13.2 防治方法

4.13.2.1 农业防治

增施磷钾肥，清除病枝，合理修剪以通风透光。

4.13.2.2 化学防治

发病初期，用15%粉锈宁1 000倍液以及70%甲基托布津可湿性粉剂1 000倍液、25%嘧菌酯悬浮剂2 000倍液或10%苯醚甲环唑水分散颗粒剂1 500~2 000倍液等。

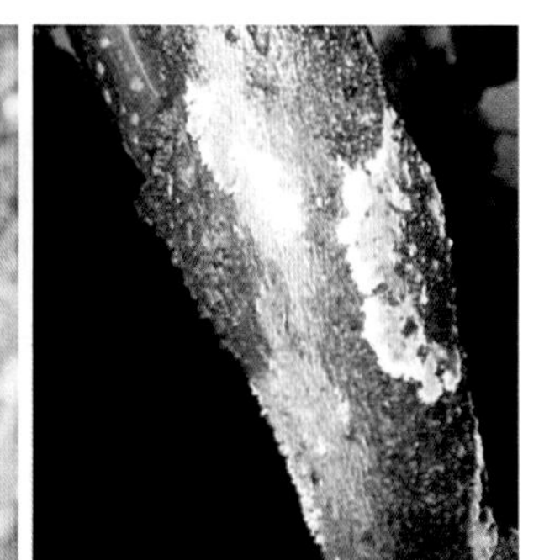

猕猴桃膏药病症状

猕猴桃白粉病

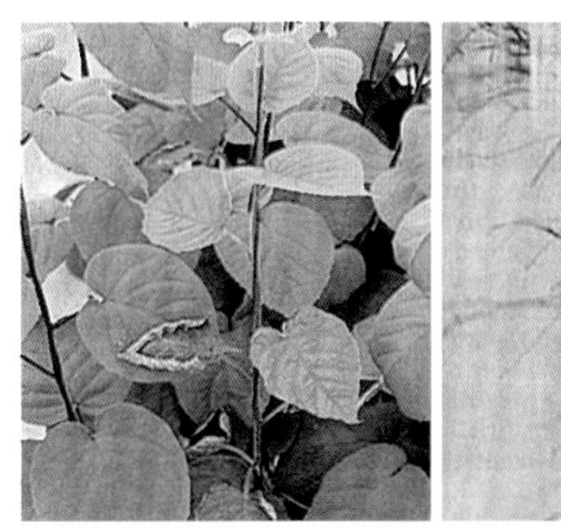
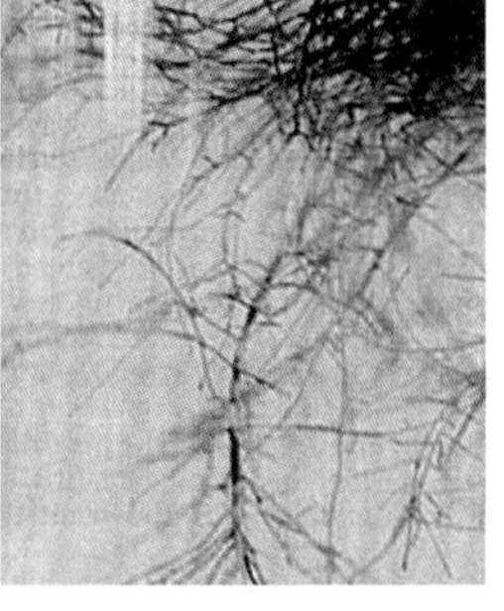

猕猴桃缺钙症状植株表现和根部症状

猕猴桃缺钙叶片症状

猕猴桃缺钙表现症状之褐斑病
（花坪三岔村，2015）

4.14 猕猴桃缺钙

据2014年对建始县若干猕猴桃园的叶片分析，建始县猕猴桃园中缺钙的现象较为常见。如前所述，较新研究认为，猕猴桃褐斑病与缺钙有关。建始县猕猴桃园中缺钙较为常见的症状是叶片褐斑病加重。因近年土壤酸化严重，土壤中的钙元素大量流失，需大量补充。

果园广泛撒施石灰或含钙量较高的肥料可以防止缺钙现象的发生。在谢花后，每亩撒施50~100千克生石灰，然后松土将其翻入土中，两年后有明显效果。

4.15 猕猴桃缺磷

据有关专家研究，猕猴桃溃疡病在磷、硼等供给不足的情况下易于发生，若能满足磷、硼的供给，可有效减轻甚至消除溃疡病的发生。

需按亩产1 500千克优质鲜果的施肥量（千克）为N：P：K=12：18：15（另增配Fe、Mg、Zn、B等）连年施用。

植株轻度缺磷时，不表现明显症状，但影响植株的生长，茎干瘦弱，叶片变小；缺磷严重时，生长会受到严重抑制，老叶上首先出现脉间退绿，变为浅红色，并从叶尖向基部扩展，随后中脉变红，下表面的主脉亦变红，越靠近叶基部，红色越明显，而健康叶的下表面的中脉及主脉都为浅绿色。有的缺磷还表现在叶柄颜色加深，叶上表面产生类似葡萄酒的颜色，特别是在叶的边缘部分尤为明显。

通常建议猕猴桃的磷肥施肥用量为每亩100千克。

重视根外追肥，用0.1的磷酸二氢钾每隔7~10天喷施1次，连续喷3次。

4.16 猕猴桃缺硼症状

据2014年对建始县若干猕猴桃园的叶片分析，建始县猕猴桃园中缺硼的现象较

猕猴桃缺硼症状（红岩寺镇红岩村，2015-08-16）

猕猴桃缺硼症状

为常见。

根际土壤施用硼肥，每隔2年左右，在萌芽至新梢抽生期（4~5月）地面施用硼砂，每亩0.5~1千克。田间出现缺硼现象时，可以叶面喷施0.1%的硼砂来缓解。猕猴桃对过量的硼是非常敏感的，目前猕猴桃需硼安全浓度还没有一个较为准确的数据，因此施用含硼的肥料尤其要注意用量。

4.17 猕猴桃缺钾症

缺钾现象在猕猴桃园中普遍存在，而且比通常人们认识到的还要严重，新西兰猕猴桃产区也是这样。猕猴桃缺钾会使叶片焦枯，果少而小，产量变低，品质变劣。人们往往认为这是干旱或风害所致，致使病株得不到及时防治。

猕猴桃缺钾症

4.17.1 缺钾症状

缺钾的最初症状是萌芽展叶时生长缓慢。缺钾严重时，叶片小且老叶呈浅黄绿色，叶缘轻度褪绿，进而老叶边缘上卷，在高温季节白天更为明显。此症状可在晚上消失，而在白天又出现，常误诊为干旱缺水。缺钾后期，受害叶片边缘长时间向上卷曲，脉间叶肉组织向上隆起，叶片从边缘褪绿，并向中脉扩展，仅沿主脉和叶基部保持部分绿色，褪绿部分与正常部分的分界不很明显，与缺镁、缺锰不一样。

4.17.2 缺钾的诊断

植株缺钾时，上述症状表现明显，但易误诊，可采用叶样分析诊断，于5月份抽梢后，取当年生枝条上充分展开的幼叶进行测定，正常叶钾的含量应超过干物质的2.8%。建始猕猴桃园的叶钾含量普遍远远低于此水平。

4.17.3 防治方法

一般在猕猴桃生长季节开始时，就应该施用钾肥。如果发现缺钾，则不论什么时候都可立即追施钾肥，补充其需要，阻止症状进一步扩大。但是钾肥不可一次施用过多，否则会影响钙、镁等其他元素的吸收，导致其他缺素症。

每亩每年施用量为15~20千克的钾（30~40千克的氯化钾）。

4.18 石硫合剂药害

4.18.1 发病原因

石硫合剂是常用在猕猴桃上的一种休眠期杀菌杀虫剂，石硫合剂的主要成分是多硫化钙，具有渗透和侵蚀病菌细胞及害虫体壁的能力，但是如果使用浓度过高或使用时期不对则很容易造成药害，如春季喷施浓度过高就会造成新生叶片畸形。

4.18.2 防治方法

选择合适的用药时间，在落叶以后修剪完成后开始使用石硫合剂，使用浓度可以达到4~5波美度。

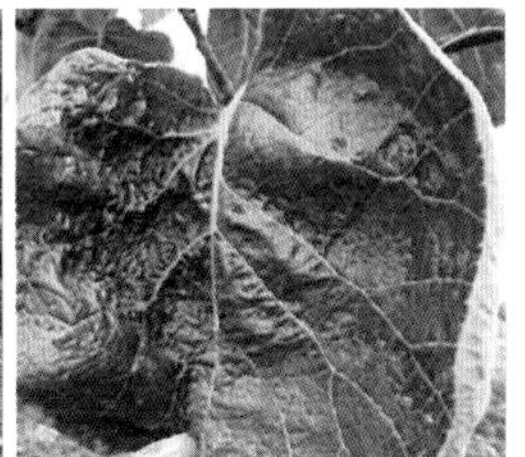

猕猴桃石硫合剂药害

猕猴桃膨大剂过量引起的空心

降低浓度使用，在生长季节使用石硫合剂时，浓度应在0.3波美度以下。

4.19 膨大剂药害

4.19.1 表现症状

果实出现空心，果实成熟期提前，味道变淡，不耐贮藏。

4.19.2 发病原因

在使用了生长调节剂后，如果浓度过高或者在果实快速膨大过程中缺少水分的供应就会出现果实空心，这会严重影响猕猴桃商品果的果品质量。

4.19.3 防治方法

不要使用生长调节剂。

加强肥水管理，保障在果实快速膨大期的各种营养供给和水分供给。

合理负载，加强疏果，保障适当的营养叶片。

4.20 干旱

在蒸腾作用比较强烈的季节，补充足够的水分，使土壤水分保持在75%左右。

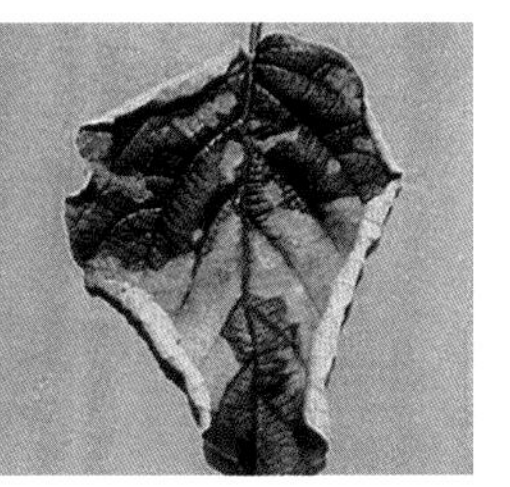

干旱引起的叶片枯萎

日灼病发病症状（陈美艳提供）

二星叶蝉若虫

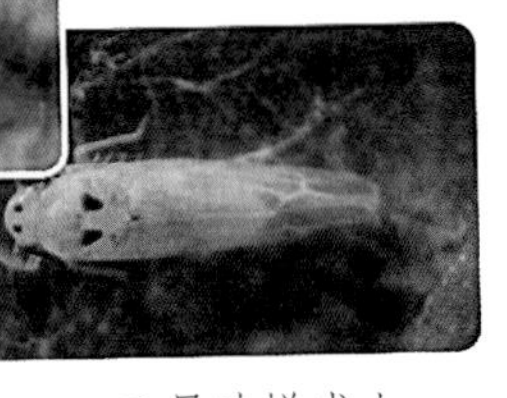

二星叶蝉成虫

小绿叶蝉及叶蝉危害叶片状
（吴增军等，2007）

叶蝉田间危害状（长梁金塘，2013）

尖凹大叶蝉成虫

5 猕猴桃虫害及其防治

5.1 二星叶蝉

5.1.1 为害症状

成虫和若虫喜欢聚集在潮湿避风处的叶背刺吸汁液，受害叶片会失绿，呈小白点，随受害程度加重，白点汇集成大斑，严重时叶片苍白、焦枯。

5.1.2 防治方法

5.1.2.1 农业防治

秋后彻底清除落叶和杂草，集中烧毁，生长期及时摘心、整枝，使果园通风透光良好。

5.1.2.2 化学防治

若虫发生盛期选用10%吡虫啉可湿性粉剂1 500倍液、2.5%天诺一号（锐劲特和三唑磷）乳油2 500倍液或毒死蜱乳油1 000倍液等喷雾。

5.2 尖凹大叶蝉

5.2.1 为害症状

成虫和若虫喜欢聚集在叶背刺吸汁液，被害叶片枯黄，极易脱落，成虫产卵在嫩梢枝条表皮下，常致该枝条枯死。

5.2.2 防治方法

5月中下旬为第1代若虫盛期，如虫口密度较大，可选用20%叶蝉散乳油(甲胺基甲酸-2-异丙基苯酯）2 000倍液、10%吡虫啉可湿性粉剂3 000倍液或48%乐斯本1 000倍液喷治。

5.3 苹小卷叶蛾

5.3.1 为害症状

幼虫吐丝缀连叶片，新叶受害严重。

当果实稍大时，将叶片缀连在果实上，幼虫啃食果皮、果肉。并且幼虫有转果为害习性，可连续危害多个果实。

5.3.2 防治方法

5.3.2.1 农业防治

结合冬剪，刮树皮，剪虫苞。冬季或早春刮除老树皮、翘皮集中烧毁，以消灭越冬虫茧，剪锯口注意刮去死皮，并涂漆或刷药。重视枝杈刮皮涂药。生长季节清除残枝卷叶，于园外销毁。

5.3.2.2 物理防治

挂糖醋液诱杀成虫，配液按红糖和酒1份、醋3份、水16份，加少量溴氰菊酯，每罐糖醋液可控制1亩左右。

5.3.2.3 生物防治

于卵发生期喷25%灭幼脲3号胶悬剂1 000~1 500倍液；挂性诱剂诱捕器；释放赤眼蜂，果园初见卵时开始放蜂，每隔5天放1次，每亩放蜂1 000~2 000头为宜，隔株或隔行释放，共4~5次。

5.3.2.4 药剂防治

根据预测预报情况，在越冬幼虫出蛰盛期和第一代卵孵化盛期喷药防治，在越

苹小卷叶蛾幼虫危害嫩叶

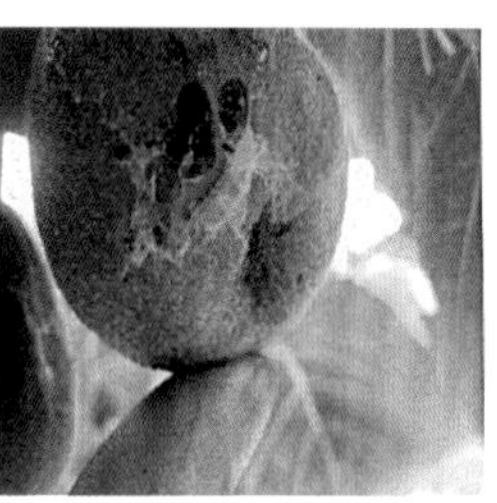

苹小卷叶蛾幼虫危害紧挨的幼果

苹小卷叶蛾成虫

苹小卷叶蛾危害果实

苹小卷叶蛾危害果实状

苹小卷叶蛾为害状

冬幼虫出蛰盛期，喷洒50%杀螟松乳剂（速灭虫）1 000倍液；在第1代卵孵化盛期和幼虫期喷布400%毒死蜱乳油1 000倍液或20%灭扫利（甲氰菊酯）乳油2 000~3 000倍液，兼治蚜虫、螨类及其他食叶害虫。

5.4 金龟子

苹毛丽金龟，又叫苹毛金龟子或长毛金龟子，属鞘翅目丽金龟科。

5.4.1 为害症状

危害叶片和根部，将叶片取食为缺刻状，幼虫取食根部，幼苗表现为枯萎，叶片变黄、萎蔫。

苹毛丽金龟子幼虫

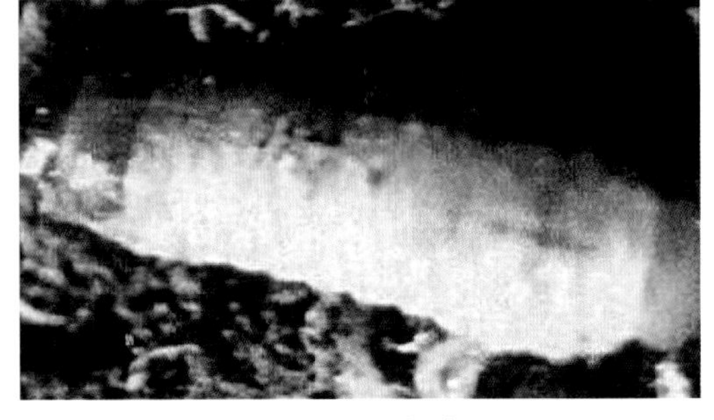

铜绿异丽金龟幼虫

苹毛丽金龟子成虫

铜绿异丽金龟成虫

5.4.2 防治方法

5.4.2.1 农业防治

苹毛丽金龟成虫对糖醋液和酸菜汤有明显的趋性，可利用此趋性诱杀成虫。

5.4.2.2 物理防治

利用成虫的假死性，于清晨或傍晚振树捕杀成虫。

5.4.2.3 化学防治

在成虫出土前，树下施药剂，100 倍液处理土壤，配成毒土，均匀撒入地面，深翻 20 厘米。成虫发生期，可喷施辛硫磷乳剂 1 000 倍液或西维因粉剂（氨基甲酸酯类杀虫剂）800~1 000 涪液，隔 10~15 天喷 1 次，连喷 2 次。

黄褐丽金龟及金龟子为害状
（吴增军等，2007）

华北大黑鳃金龟成虫

5.5 铜绿异丽金龟

别名铜绿金龟子、铜绿丽金龟及青金龟等。

5.5.1 为害症状

危害叶片和根部，将叶片取食为缺刻状，幼虫取食根部，幼苗枯萎，叶片变黄、萎蔫。

华北大黑鳃金龟幼虫

5.5.2 **防治方法**

5.5.2.1 农业防治

利用趋光性诱杀成虫。

5.5.2.2 物理防治及化学防治

参考苹毛丽金龟防治方法。

5.6 华北大黑鳃金龟

又称朝鲜黑金龟。

防治方法参考苹毛金龟子防治方法。

5.7 蝙蝠蛾

5.7.1 **为害症状**

幼虫危害枝条，把木质部表层蛀成环形凹形坑道，导致受害枝条生长衰弱，易遭受风折，受害严重时枝条枯死。以幼虫为害，幼虫一般由旧虫孔或树皮裂缝处蛀入，有时幼虫在枝干上啃一横沟向髓心蛀入，常造成树皮环割，使枝干枯萎，严重时可导致树体折断，为害位置在树干基部50厘米左右和主蔓基部处。幼虫先在蛀入处吐丝结网将虫体隐蔽，蛀入时将咬下的木屑送出，粘在丝网上，将洞口掩住。虫道多从树干髓心向下延伸，有时可深达地下根部，内壁光滑。

5.7.2 **防治方法**

5.7.2.1 农业防治

加强果园管理，合理施肥灌水，调节通风透光度，保持果园适当的温湿度，科学修剪，清理果园附近杂木，如黄荆及野桐等寄主植物，以减少虫源。

5.7.2.2 化学防治

及时喷洒50%辛硫磷乳油1 000倍液防治，中龄幼虫进入树干后，可用4.5%高效氯氰菊酯乳油200倍液滴入虫孔进行防治或用棉球蘸药液塞入蛀孔内杀死幼虫。在初龄幼虫活动期在树冠下及干基部喷10%氯氰菊酯乳油2 000倍液。

5.8 介壳虫

危害猕猴桃的介壳虫主要有桑白盾蚧、糠片盾蚧、龟蜡蚧、粉蚧等，主要危害叶片、果实和嫩梢。

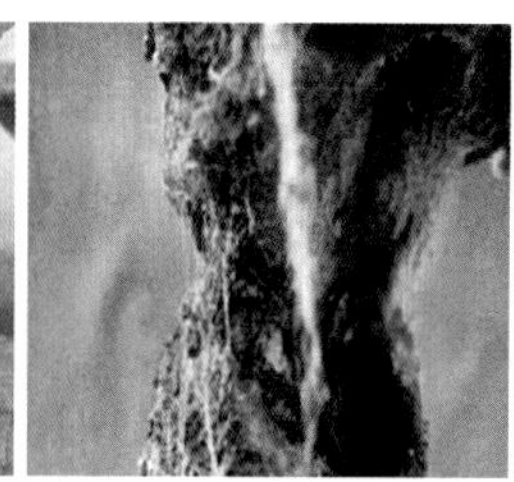

蝙蝠蛾幼虫为害状

蝙蝠蛾幼虫

蝙蝠蛾成虫

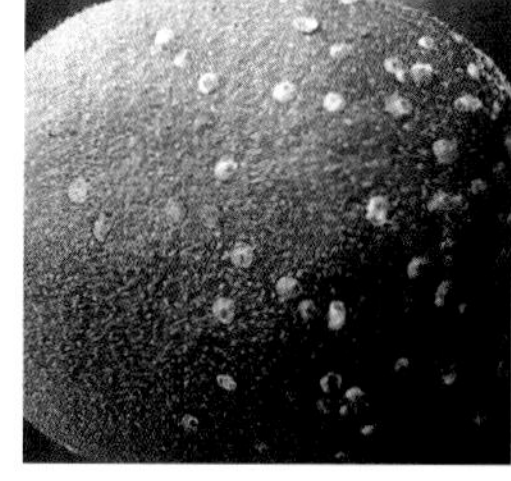
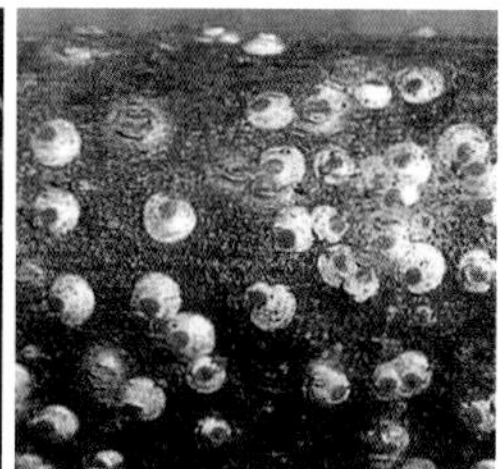

介壳虫的为害症状（吴增军等，2007）

5.9 桑白盾蚧

又称桑白蚧、黄点蚧及桃介壳虫等。

5.9.1 **为害症状**

以若虫和雌成虫群集于植株枝干、枝条、叶子上，以针状口针刺入皮下吸食汁液，严重时整株盖满介壳，层层叠叠，不见树皮，被害枝发育受阻。其寄生在树芽旁，妨碍萌发，影响树势，也有在叶脉或者叶柄两侧寄生，引起叶片提早硬化。危害果实，降低果品等级，影响果品的商品价值。

5.9.2 **防治方法**

5.9.2.1 农业防治

秋冬季剪去虫害重的衰弱枝，其余枝条可人工刮除越冬成虫。

桑白盾蚧为害状

介壳虫为害状

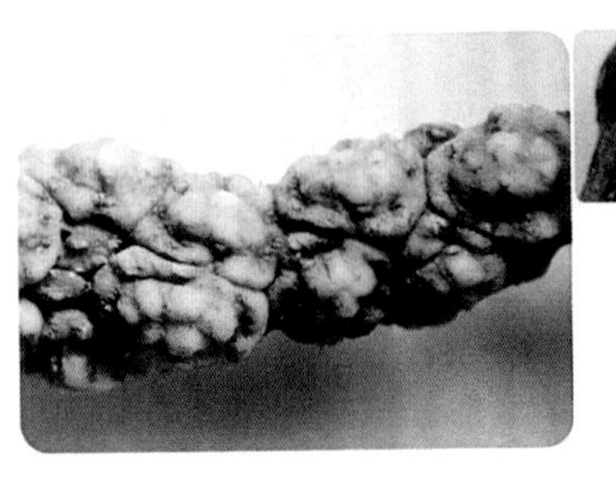

龟蜡蚧蜡壳

葡萄透翅蛾幼虫及为害状
（吴增军等，2007）

灰巴蜗牛危害猕猴桃叶片

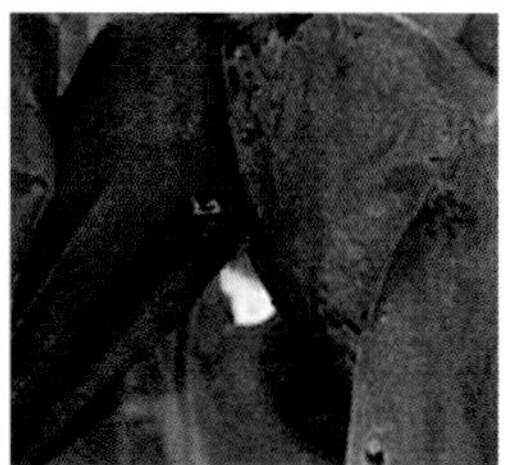

灰巴蜗牛危害猕猴桃果实

灰巴蜗牛幼体

5.9.2.2 药剂防治

早春猕猴桃树发芽以前喷5波美度的石硫合剂。以卵孵期药剂防治效果最好（即壳点变红且周围有小红点时）。

5.10 龟蜡蚧

又称日本龟蜡蚧

5.10.1 为害症状

主要危害嫩枝和叶柄，成群聚集在嫩枝和叶柄上，形成瘤状的突起，严重为害时包满整个枝条，常导致落叶、落果及枝条枯萎，重者树势衰弱，甚至全株死亡，能诱导煤烟病发生。

5.10.2 防治方法

5.10.2.1 农业防治

苗木出圃或引种时若发现带虫株，则应及时处理。结合冬季修剪，将危害严重的枝条剪除并集中烧毁。冬季用铁丝或硬刷将树枝上的越冬龟蜡蚧刷除。

5.10.2.2 化学防治

在若虫孵化期，用40%毒死蜱乳油1 500倍液防治。

5.11 灰巴蜗牛

又称蜒蚰螺或水牛，属腹足纲柄眼目巴蜗牛科。

5.11.1 为害症状

危害猕猴桃叶及果实，造成叶片缺刻和果实表面花纹，降低商品果等级。严重时咬断幼芽。

5.11.2 发生规律

蜗牛是我国常见的陆生软体动物之一，各地均有发生。一年发生1代，11月下旬以成贝或幼贝在残株落叶、浅土层或宅前屋后的物体下越冬。翌年3月上中旬开始活动，昼伏夜出，遇有阴雨天多整天栖息在植株上。4月下旬到5月上中旬成贝开始交配，后不久把卵成堆产在植株根颈部的湿土中，初产的卵表面具黏液，干燥后卵粒粘在一起成块状。初孵幼贝多群集在一起取食，长大后分散为害，喜栖息在植株茂密低洼潮湿处。遇有高温干燥条件，蜗牛常把壳口封住，潜伏在潮湿的土缝中或茎叶下，待条件适宜时，如下雨或灌溉后，于傍晚或早晨外出取食。

5.11.3 防治方法

5.11.3.1 农业防治

清晨或阴雨天人工捕捉，集中杀灭。在产卵盛期勤松土除草，可消灭大批卵粒。

5.11.3.2 化学防治

用8%灭蜗灵颗粒剂1.5~2千克碾碎后拌细土或饼屑5~7千克于天气温暖，土表干燥的傍晚撒在受害株附近根部的行间，2~3天后接触药剂的蜗牛分泌大量黏液而死亡，或用砷酸钙拌石灰以同样方式施药。蜗牛产卵前为防治适期，田间有小蜗牛时再防治一次效果更好。

第六章 建始猕猴桃生产周年管理历

JIANSHI MIHOUTAO SHENGCHAN ZHOUNIAN GUANLILI

1 伤流期

低山（海拔 600 米以下，下同）：

2 月初至 2 月中旬；

二高山（海拔 600~800 米，下同）：

2 月中旬至 2 月下旬；

高山（海拔 800 米以上，下同）：

3 月初至 3 月中旬。

1.1 作业项目

- 整理架面
- 及时防冻
- 涂干消毒
- 适时栽苗

1.2 技术要点

1.2.1 整理架面

固定立柱，整理架面，绑好枝蔓，安排好间作物。

1.2.2 及时防冻

1.2.2.1 涂干

用 5 波美度石硫合剂在落叶后和第二年开春树液流动前进行涂干。既能减少太阳能的吸收，推迟萌芽和开花，又能起到杀菌灭卵的作用。

1.2.2.2 灌水

易发生倒春寒的地区，结合淋施萌芽肥，给果树灌足水，可以降低地温，推迟萌芽。

1.2.2.3 烧地烟

在寒潮来临时，在猕猴桃园内做好堆柴烟熏的准备。一般每亩可以堆柴 6~7 堆，当夜间温度降到 0℃时，立即点燃，既可以减少辐射降温，又可以增加果园的热量，达到预防“倒春寒”的作用。

1.2.3 涂干消毒

用石硫合剂原药或 5 波美度石硫合剂即每药桶水兑原药 4 瓶涂干；用石硫合剂原药 30 倍液全园喷雾 3 次，每 7 天 1 次。

1.2.4 适时栽苗

宜早不宜迟，宜干不宜湿。

起垄或筑墩栽植。

深挖浅栽，泥浆蘸根。

泡土偎，往上提，用力踩，水浇足。

2 萌芽期

低山：2 月中旬至 3 月初；
二高山：2 月下旬至 3 中旬；
高山：3 月中旬至 3 月下旬。

2.1 作业项目

●抹芽除萌
●施萌芽肥
●预防病虫

2.2 技术要点

2.2.1 抹芽除萌

当年定植的猕猴桃，剪留 2 个健壮芽定干后，萌芽期要及时抹除顶芽以外的所有萌芽，以利集中营养让顶芽笔直向上生长。猕猴桃抹芽要慎重，'红阳''金魁''金桃'等要抹芽，'海沃德'不抹芽。留芽要根据产量和树势来定留芽数，遵循"去上下不去左右，去两端留中间，留强不留弱"的原则。抹去过密的芽、无用的芽、弱芽，保留健壮的芽。除萌也要慎重，如果树体弱，一定要把基部萌芽保留几个，培养成壮枝，代替已衰竭的部分。

2.2.2 施萌芽肥

成年树 50% 沼液 1 500 千克 / 亩；幼年树 50% 沼液 1 000 千克 / 亩。施萌芽肥后，露出根颈部不覆土，晾晒至谢花后 15 天壮果肥时再掩土覆盖。

2.2.3 预防病虫

用氢氧化铜 1 500 倍液全园喷雾连续 3 次，每 7 天 1 次；采用多种方法防治溃疡病；挂黄板。

3 新梢生长期

低山，3 月上旬至 4 月中旬；
二高山，3 中旬至 5 月上旬；
高山，3 月下旬至 5 月中旬。

3.1 作业项目

●新梢管理
●疏除花蕾
●果园间作
●预防病虫

3.2 技术要点

3.2.1 新梢管理

3.2.1.1 疏梢

疏梢要及时，在能辩别枝的强弱就开始，疏梢时要考虑枝的采光面积和生长空间，疏去病弱枝、下垂枝、轮生枝、过密枝和徒长性秋梢。树体出现郁闭现象时，应疏除一部分枝，以利于通风透光。

3.2.1.2 摘心

当年定植的猕猴桃，在幼苗生长期，要及时抹除基部萌蘖和顶芽以外的所有萌芽，以利集中营养让顶芽笔直向上生长，待顶芽生长到架面附近时，距离架面 20~30 厘米剪梢，以产生 2 个分枝，作为将来的主枝，向两侧分开引缚。

'红阳'：结果枝在结果部位以上 8~10 片叶摘心，营养枝长到 12~15 片叶时摘心，绑好新梢。

'金桃''金魁'：结果枝在结果部位以上 10~15 片叶摘心，营养枝长到 15~20 片叶时摘心，绑好新梢。

'海沃德'：中弱枝长甩放，长枝 20 片叶左右摘心，绑好新梢。

基部抽生用于更新的徒长枝留 10~15 片叶进行摘心。

3.2.1.3 第一次副梢处理

当年定植的嫁接苗和实生苗，摘心后抽生的第一次副梢，保留顶端 2 个副梢，其余全部去掉，待有 10~12 片叶时摘心。绑好新梢。

结果枝、营养枝摘心后，抽生的一次副梢，保留顶端一个副梢，其余全部去掉，待有 10 片叶时摘心，绑好新梢。

3.2.2 疏除花蕾

疏侧蕾、病虫蕾、小蕾和畸形蕾。

3.2.3 果园间作

幼年果园可以种植一些药材等经济作物，成年果园可以种植三叶草等绿肥植物。

3.2.4 预防病虫

用半量式波尔多液200倍液全园喷雾，连续3次，每7天1次；采用多种方法防治溃疡病；清理黄板或重新挂黄板。

4 花期

低山：4月下旬；

二高山：5月下旬；

高山：5月下旬。

4.1 作业项目

- ●悬挂黄板
- ●喷施硼肥
- ●采集雄花
- ●人工授粉

4.2 技术要点

4.2.1 悬挂黄板

开花前10天左右开始挂。

4.2.2 喷施硼肥

开花前5天用0.2%硼砂喷雾一次。

4.2.3 采雄花粉

4.2.3.1 花粉的采集

在授粉前2~3天，选择比雌树品种花期略早、花粉量多、与雌性品种亲合力强、花粉萌芽率高、花期长的雄株，采集含苞待放或初开放而花药未开裂的雄花，每天上午9：00开始集中采集雄花，以花蕾露白1/3，手按有蓬松感为宜，花瓣张开1/3的雄花也行。用小镊子、牙刷、剪刀等取下花药，然后采取如下方法脱粉：

（1）将花药平摊于纸上，在25~28℃下放置20~24小时，使花开放散出花粉。

（2）将花药摊放在桌面上，在距桌面100厘米的上方悬挂100瓦电灯泡照射，待花药开裂取出花粉。

（3）花药上盖一层报纸后放在阳光下脱粉，花药开裂后用细箩筛出花粉，装入干净的玻璃瓶内，贮藏于低温干燥处待用。纯花粉在–20℃的密封容器中可贮藏1~2年，在5℃的家用冰箱中可贮藏10天以上。在干燥的室温条件下贮藏5天的授粉坐果率可达到100%，但随着贮藏时间的延长，授粉后果实的坐果率逐渐降低，以贮藏24~48小时的花粉授粉效果最好。

4.2.3.2 注意事项

（1）采花的最佳时间是天气晴朗的上午9：00~11：00，不要采摘雨天湿润的花朵以及有很重露水的花朵。

（2）采收的花朵应为猕猴桃雄性花，所采花朵中不能含有雌花、花梗、沙石、树枝、叶片等杂质。

（3）如果主花达到采收标准后，采摘主花时请注意不要采摘耳花的花蕾，耳花成熟后也可产生花粉。

（4）花朵采收后不要堆放，要在最短的时间内，分成小批存放在透气的袋子或者硬纸板托盘里，并且避开阳光，在凉爽、干燥的地方保存。

为节约花粉用量，纯花粉可与滑石粉、淀粉、松花粉等填充物按1∶（5~10）比例配制，现配现用时也可将花药壳作为填充物粉碎后与花粉混合均匀直接使用。

4.2.4 人工授粉

授粉最好在每天的8∶00~11∶00。对当天开放的雌花柱头上授粉，连续授3次，效果更好。1朵花至少有3个柱头授上花粉，才能显著提高果实质量。雌花开放后5天之内均可进行授粉，但随着开放时间的延长，授粉受精后果实内的种子数和果实大小会逐渐下降，以花开放后1~2天的授粉效果最好，第4天授粉坐果率显著降低。

4.2.4.1 接触授粉

授粉时将雄花花瓣去掉，将花药捏紧，

在雌花的子房柱头上轻轻地磕碰，一般来说，1 朵雄花可授 6 朵雌花，这种授粉方法以天晴效果最好，下雨效果不好。

4.2.4.2 机械授粉

①喷雾器授粉：将采回雄花放在称好的水中，用水量根据实际需要而定，用手用力地搓，至水变成淡黄色为止，如果水没有变成淡黄色，就要加大雄花分量，用纱布过滤，将滤好的水放在 1 千克的喷雾器中，再加入 0.1% 的硼砂，摇匀后，对已开放的雌花授粉，此法不管天晴下雨都可以用。每 2 天授 1 次，至雌花开完为止。应注意的是，应在 2 小时内用完，最好随配随用。

②喷粉器授粉：将花粉用滑石粉或石松子稀释 50 倍（重量），使用市面上出售的电动授粉器向正在开放的雌花喷授。

5 果实发育期

低山：4 月下旬至 10 月下旬；

二高山：5 月上旬至 10 月下旬；

高山：6 月上旬至 11 月上旬。

5.1 作业项目

- ●及时疏果
- ●果实套袋或果面喷保护液
- ●肥水管理
- ●叶面补肥
- ●控制草害
- ●副梢管理
- ●控制晚夏梢
- ●挂杀虫灯
- ●预防炭疽病、褐斑病

5.2 技术要点

5.2.1 **疏果**

疏小果、病虫果、畸形果和多余的果。

5.2.2 **套袋**

谢花后 1 周开始进行幼果套袋，对防治软腐病有很好的效果。

5.2.3 **肥水管理**

谢花后 2 周施用壮果肥，猕猴桃专用肥幼树一株 0.5 千克左右，结果树一株 1 ~ 1.5 千克，撒施后和表土拌匀。

或幼年果树施农家肥 5 千克 / 株 +0.25 千克 / 株生物有机肥 +0.2 千克钾矿粉。

成年果树施农家肥 10 千克 / 株 +0.5 千克钾矿粉 +0.5 千克 / 株生物有机肥。

5.2.4 **叶面补肥**

7 下旬和 8 月下旬，50% 沼液 +0.2% 草木灰 +0.2% 高锰酸钾全园喷雾。

5.2.5 **控制草害**

7 月下旬和 8 月下旬各一次，浅耕除草深 3.3 厘米左右，树盘周围的草不割，将除掉的草全部堆在树盘上，厚 15 厘米左右，注意要露出根颈及树干。

5.2.6 **管理副梢**

控制晚夏梢，当年定植的嫁接苗或实生苗，抽生的第一次副梢摘心后，产生的第二次副梢保留顶端两副梢，待有 10~12 片叶时摘心，其余的副梢全部去掉，第三次副梢用同样的办法处理。幼年，成年果树抽生的一次副梢摘心后，产生的第二次副梢保留顶端一个副梢待有 6~8 片叶时摘心（‘红阳’的副梢留两个），三次副梢处理办法一样，绑好新梢。

5.2.7 **挂杀虫灯**

8 月上旬挂频振式杀虫灯。

5.2.8 **预防炭疽病、褐斑病**

谢花后 20 天开始，用半量式波尔多液 200 倍液全园喷雾连续 3 次，每 7 天 1 次。

6 采收期

霜降后 15 天至落叶。

6.1 作业项目

- ●果园消毒
- ●适时采收
- ●严格分级

6.2 技术要点

6.2.1 果园消毒

采前20天全园用0.2%碳酸钙镁喷雾。

6.2.2 适时采收

备好手套、采果箱，采果箱内一定要备好内垫。

采摘方法：

（1）雨天、雾天、果面有露水、中午高温时不允许采摘。采摘筐应放在阴凉处。

（2）采摘时要戴上手套，用手轻握果实，大拇指头轻推果柄，即可采下果实，然后轻放于有内垫的采果筐内。做到轻采、轻放、轻装、轻卸，避免碰伤和擦伤，做到一果一采。

（3）采摘时按照先大果、再中果、然后小果的批次来采摘，根据先下后上先外后内的顺序来采摘。

6.2.3 严格分级

采摘的果实应按要求分级，用专用的果箱运输，采摘的果实应在12小时内运进贮藏室。

7 采后期

采果后至落叶前

7.1 作业项目

- 防溃疡病
- 叶片保护
- 采后修剪
- 秋施基肥

7.2 技术要点

7.2.1 防溃疡病

采果后至落叶前，每10~15天，喷布20%噻菌铜600倍液等杀菌剂1次，连喷2~3次。

7.2.2 叶片保护

7.2.2.1 喷肥保护

采后叶面用50%沼液喷雾2~3次，成年果园一次50千克肥水，幼年果园25千克肥水。

7.2.2.2 喷药保护

用0.2%的高锰酸钾液全园喷雾连续3次，每7天一次。

7.2.3 采后修剪

秋拿大枝，对从基部萌发和从发育枝萌发的徒长枝，除留作更新枝外，一律从基部剪除。

7.2.4 秋施基肥

一般在10～11月份进行。12月至翌年元月，原则上尽量不要翻土伤根，否则可能会加剧冻害。

按亩产1 500千克优质鲜果的施肥量（千克）N：P：K=12：18：15（另增配Fe、Mg、Zn、B等）施用猕猴桃专用有机复合肥。即幼树一株1千克左右，结果树一株2~3千克。

或是：

（1）每亩农家肥1 500千克，生物有机肥100千克。

（2）抽槽或挖环状施肥时必须见到须根。

（3）回填要及时不过夜，肥料要与土充分混和均匀或分层填入。

8 休眠期

落叶至伤流前

8.1 作业项目

- 冬季修剪
- 清洁果园
- 消毒防冻

8.2 技术要点

8.2.1 冬季修剪

冬季修剪必须在12月至翌年元月完成，一定不能拖到2月份。

应遵循“少留枝，多留芽”的原则，根据树势、管理水平和产量来留枝。一般来说，壮树多留枝，弱树少留枝，壮枝轻短截，弱枝重短截。结果母枝的选留应充分考虑生长的空间和采光面积，'红阳''金桃'和'金魁'结果母枝以春梢和早夏梢为主，'海沃德'的结果母枝以春梢为主。

修剪方法：

（1）毫无保留地疏除各个部位的细弱枝、枯死枝、病虫枝以及无利用价值的根际萌蘖枝和生长发育不充实、无培养前途的发育枝。

（2）处理过密枝、交叉枝、并生枝和重叠枝。

（3）对从基部萌发和从发育枝萌发的徒长枝，除留作更新枝外，一律从基部剪除，留作更新枝的留5~8个芽短截。

（4）为使植株形成良好的结果体系，要保证结果母枝在架面上分布均匀，保证抽生的新梢都有生长空间，做到新梢不争光。

（5）雄株的修剪应以轻短截为主，首先疏除枯枝、病虫枝、衰弱枝、根际萌蘖枝和位置不当的徒长枝。位置适宜的徒长枝、营养枝宜短截，培养成更新枝，然后对花枝母枝轻短截。

8.2.2 **清洁果园**

落叶后就进行。

8.2.3 **消毒防冻**

修剪后至萌芽前，喷3~5波美度石硫合剂、150~200倍施纳宁、100~150倍21%过氧乙酸、500倍机油－石硫微乳剂等，连喷2~3次。树干、枝蔓均应喷到，彻底清园消毒。

涂干用30%机油石硫合剂1份＋生石灰3份＋食盐1份+10份水调成乳状液，用排刷将主干涂白，或用石硫合剂原药或5波美度石硫合剂即每桶水兑原药4瓶涂干；注意原药不能涂到主枝的芽上。

全园喷雾30%机油石硫合剂30倍。

9 猕猴桃病虫害防治月历

9.1 落叶前（10月）

增施有机肥，树干和大枝用石灰水涂白后，绑草秸护理根颈部。提高树体防寒抗病能力，保护害虫天敌。

9.2 休眠期（12月到次年1月）

剪除病残死枝蔓，清洁果园，集中烧毁或深埋沤肥，老园刮治腐烂病斑，用腐必清50倍液涂抹病疤。减少虫口基数，消除病源。

9.3 萌芽前15~20天（2月）

全园彻底喷布1次3~5波美度的石硫合剂，病虫害严重时隔7~10天再喷1次。减少虫口基数，清除病原。所有枝蔓均喷施彻底，不留漏隙，包括防风林。

9.4 萌芽后

全园喷一次0.3~0.5波美度石硫合剂。减少病虫基数，减少病源。

9.5 开花前

普喷1次0.3~0.5波美度石硫合剂。人工捕捉金龟子。枝杈处挖天牛幼虫，喷菌6号(苏云金杆菌)，或白僵菌粉，或B.t.乳剂600倍液。安装黑光灯或频振式杀虫灯。降低虫口基数。

9.6 谢花后（4月下旬到5月上旬）

用甲基托布津，或DTM、50%多菌灵可湿性粉剂800~1 000倍液、75%百菌清1 000倍液或退菌特，7~10天喷施1次，连喷1~2次。人工捕捉金龟子，释放天敌，防治多种病虫害。

9.7 果实膨大期（5月）

用甲基托布津，或DTM、50%多菌灵可湿性粉剂800~1 000倍液、75%百菌清1 000倍液或退菌特，7~10天喷施1次，连喷1~2次（最好选用与上一时期不同的药剂）。用25%噻嗪酮乳液1 000~1 500倍液或48%毒死蜱1 000~1 500倍液，每隔7~10天喷1次。防治多种病害和介壳虫（毒死蜱在7月10日后不得使用，可用机油乳剂涂刷枝蔓防治）。

9.8 新梢旺长期

用20%氰戊菊酯3000倍液、10%吡虫啉4000倍液喷施1~2次，用甲基托布津或多菌灵喷雾1次。防治虫害和真菌病害。

9.9 采果前20天（8月下旬到9月上旬）

用多菌灵或甲基托布津喷雾一次，防治果实贮藏期真菌病害。

10 防治月历说明

（1）根据日本肯定列表和欧盟对我国猕猴桃农残检测标准，选择符合要求的农药，严格按要求施用。

（2）肯定列表制度是日本为加强食品中农业化学品（农兽药等）残留管理而制定的一项新制度。该制度要求：食品中农业化学品含量不得超过最大残留限量标准，对于未制定最大残留限量标准的农业化学品，其在食品中的含量不得超过“一律标准”，即0.01毫克/千克。

（3）在防治病虫时，禁止使用国家明文规定的高毒、剧毒、高残、不宜分解的农药、激素等。

（4）在防治病虫时，一定要避开大风、雨天，若喷后遇雨要重喷。

（5）坚决制止病虫不分，乱用农药和滥用农药，一定要分清病虫害，依据不同的防治指标，根据不同的天气、季节对病虫害适时选用适宜的药品及浓度。

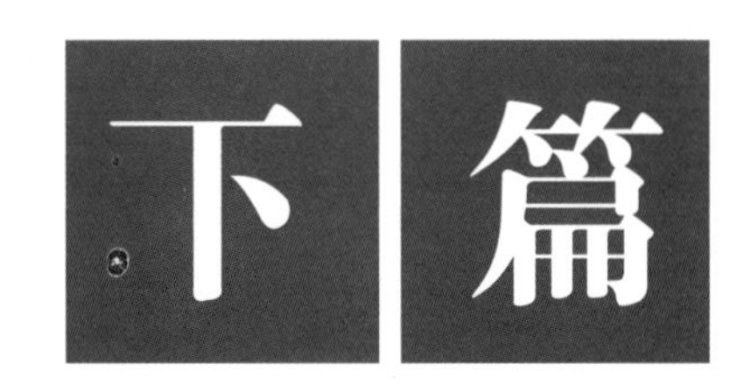

下篇

猕猴桃栽培技术的理论知识

MIHOUTAO ZAIPEI JISHU DE LILUN ZHISHI

第一章 猕猴桃栽培概述

MIHOUTAO ZAIPAI GAISHU

1 主要种类和品种

1.1 主要种类和栽培概况

猕猴桃是猕猴桃科（Actinidiaceae）猕猴桃属（*Actinidia*）植物，又名羊桃、阳桃、猕猴梨或藤梨。李时珍在《本草纲目》中描述："其形如梨，其色如桃，而猕猴喜食，故有此名。"我国是猕猴桃的起源中心，迄今为止，猕猴桃属在全世界共命名66个种，其中62个种原产于我国。猕猴桃又是古老的孑遗植物，出现于中生代侏罗纪之后至新生代第三纪的中新世之前。中国科学院南京古生物研究所于1979年在广西田东县发现了约2 600万~2 000万年前中新世地质年代的猕猴桃叶片化石。我国发现和栽培猕猴桃的历史由来已久。远在公元前16世纪至公元前10世纪的《诗经》中就有了"隰有苌楚，猗傩其枝"的描述，所谓"苌楚"，就是猕猴桃。到了唐代，著名诗人岑参（715-770）已有"中庭井栏上，一架猕猴桃"的诗句。另外，唐代陈藏器著的《本草拾遗》、宋代的刘翰和马志等著的《开宝本草》、唐代慎微著的《证类本草》、明代医药大师李时珍著的《本草纲目》、清代吴其濬著的《植物名实图考》以及其他的一些古代文献，对猕猴桃的性状、生长特性、功用和别名屡有记载。由此可见，我国古人早在距今3 000多年前就已经发现和认识了猕猴桃，其栽培和利用历史也在1 300年以上。猕猴桃是原产于我国的野生果树，经驯化栽培，成为能大规模商品化生产、经济效益好、生态效益显著的新兴水果品种。这是20世纪利用野生资源造福人类的成功例子之一。

猕猴桃果实成熟后，果肉柔软多汁，酸甜适中，风味清香，富含多种营养物质。每100克鲜果肉中含维生素C 50~150毫克，有的含量达305~420毫克。还含有多种其他维生素和矿物质，可溶性固形物含量7%~22%，有机酸含量0.70%~1.95%。此外，还含有果胶、粗纤维、蛋白质、17种氨基酸、色素、多种酶类和17种以上的香味物质。

尤为可贵的是猕猴桃含有的17种氨基酸，其组合配比更接近于人脑神经细胞中各类氨基酸的组合配比。食用猕猴桃有益于人的大脑发育。猕猴桃的药用价值和医疗保健作用在各种水果中名列前茅。猕猴桃果实、根、枝、叶均可入药。据中药典籍记载：猕猴桃果实可解热、止渴、通淋、治烦热、消渴、黄疸、石淋、痔疮、便秘。根清热、利尿、活血、消肿、治肝炎、水肿、跌打损伤、风湿性关节痛等。

果实除鲜食外，还可加工制成果酱、果酒、果脯、果干、果汁、果晶和罐头等多种食品。

据《世界猕猴桃年鉴》（2014）统

计，2013年全世界猕猴桃栽培面积约17万公顷，产量190万吨。栽培面积最大的国家依次为中国约8万公顷，占总面积的47%，意大利2.7万公顷，智利1.4万公顷，新西兰1.36万公顷，法国0.5万公顷，希腊0.4万公顷，日本0.37万公顷，美国0.25万公顷。产量依次为中国58万吨，占总产量的30%，意大利43万吨，新西兰38.5万吨，智利18.7万吨，希腊7.9万吨，法国6.7万吨，日本3.7万吨，美国2.5万吨。从猕猴桃产业化发展进程而言，最成功的国家是新西兰，其生产和科研在国际上处于领先地位。

自20世纪80年代初开始，我国猕猴桃栽培业经过了近30年的商品化生产（90年代进入快速发展时期）过程，目前已取得令人瞩目的成绩：栽培面积和产量均居世界首位，年创产值超过200亿元，成为我国果业发展中的新亮点。据分省调查（2013），国内栽培猕猴桃面积较大的省份依次为陕西3.57万公顷，四川3.3万公顷，河南2万公顷，湖南1万公顷，浙江0.4万公顷，贵州0.3万公顷，广西0.3万公顷，湖北0.3万公顷，江西0.3万公顷，福建0.2万公顷。纵向比较，我国猕猴桃产业发展的势头迅猛，但在产业化的发展进程中仍存在品种结构不合理，名牌产品少，栽培技术深入研究不够，市场销售体系不健全和贮藏保鲜与加工技术落后等诸多问题。

猕猴桃属植物的分布以我国为中心（其中栽培利用最广泛的中华猕猴桃和美味猕猴桃以长江流域为分布中心），北至日本、朝鲜半岛及俄罗斯远东地区，南至越南、柬埔寨，向西延伸至尼泊尔及印度东北部。国外原产的仅有日本产山梨猕猴桃*A. rufa*（Sieb.et Zucc） Planch ex Miq及白背叶猕猴桃*A. hypoleuca* Nakai、越南产沙巴猕猴桃*A. petelottii* Diels、尼泊尔产尼泊尔猕猴桃*A. strigos*a Hook. f.&. Thoms等4个物种。

我国原产的主要有中华猕猴桃等10余种，简介如下。

中华猕猴桃（*A. chinensis* Planch.）染色体数目$2n=2x=58$。是本属植物中分布最广泛、野生资源蕴藏量大、经济价值高的一种。集中分布于秦岭和淮河流域以南的海拔100~800米处，湖北的‘金桃’、四川的‘红阳’均属此种。美味猕猴桃（*A.deliciosa* Liang et Ferguson）染色体数目$2n=4x=116$。分布于秦岭以南、河南西南部、湖北、湖南西部，直至四川、贵州、云南、广西东北部地区，面积和产量最大，集中分布于湖北神农架周边海拔700~1 800米的地区，湖北的‘金魁’，新西兰的主要品种‘海沃德’（‘Hayward’）即属此种。毛花猕猴桃（*A. eriantha* Benth.）染色体数目$2n=2x=58$。分布于长江以南各地，福建、浙江、广西、江西较多。其果肉维生素C 561~1 379毫克/100克，既可鲜食，又宜加工，浙江的‘华特’即为此种。软枣猕猴桃【*A.arguta*（Sieb.et Zucc.）Planch.】染色体数目$2n=4x=116$，主要分布于东北和华北，在黑龙江、吉林、辽宁、河北4省分布较多。吉林的‘魁绿’即为其代表品种。阔叶猕猴桃（*A. latifolia* Merr.）染色体数$2n=2x=58$。主要分布于长江以南各地，广西、湖南、浙江、江西、四川、安徽、云南、贵州较多。其维生素C含量最高可达2 140毫克/100克，超过其他所有水果，居于首位。狗枣猕猴桃（*A.kolomikta* Maxim.）又名深山木天蓼，$2n=4x=112$，主要分布在黑龙江、吉林、辽宁、河北、甘肃、陕西、安徽、湖北、湖南、四川、云南等地。此外，较重要的物种还有金花猕猴桃（*A. chrysantha* C.F.Liang）、浙江猕猴桃（*A. zhejiangensis* C.F.Liang）、河南猕猴桃（*A. henanensis* C.F.Liang）、中越猕猴桃（*A. indo-chinensis* Merr.）等。

1.2 猕猴桃主要栽培品种

猕猴桃属诸多种类中，以美味猕猴桃和中华猕猴桃果实最大，分布范围最广，经济价值最高，国内外最著名的品种都属于这两个种，现择其部分品种简介如下。

1.2.1 美味猕猴桃

1.2.1.1 海沃德（Hayward）

又名巨果（Giant）。果实大，宽椭圆形，在四川，11月上旬果实成熟。果形端正美观，平均单果重80克；果肉绿色，致密均匀，果心小，每100克鲜果肉含维生素C 50~76毫克，可溶性固形物含量12%~17%，酸甜适度，有浓香。果品货架期、贮藏性名列前茅。缺点为早果性、丰产性较差。目前，在世界上的栽培面积超过2万公顷。在我国约有3 300公顷。

1.2.1.2 马图阿（Matua）

雄性品种，栽后2年开花，花量多，花期长，宜作各雌株品种的授粉树。树势较弱。

1.2.1.3 陶木里（Tomuri）

雄性品种，开花迟，与‘海沃德’同期开放。主要作‘海沃德’的授粉树。

1.2.1.4 秦美（周至111）

果实成熟期10月上中旬。果实椭圆形，平均单果重106.5克，最大单果重160克，果皮绿褐色。果肉绿色，质地细，汁多，酸甜可口，味浓有香气，含可溶性固形物10.2%~17%，总糖11.18%，有机酸1.6%，维生素C 190~354.6毫克/100克，耐贮性中等。已在陕西省广泛种植，面积超过1万公顷。

1.2.1.5 徐香（徐州75-4）

果实圆柱形，果形整齐，纵径5.8厘米，横径5.1厘米，侧径4.8厘米，单果重70~110克，最大果重137克。果皮黄绿色，被黄褐色茸毛，梗洼平齐，果顶微突，果皮薄易剥离。果肉绿色，汁液多，肉质细致，具草莓等多种果香味，酸甜适口，含可溶性固形物13.3%~19.8%，总糖12.1%，总酸1.34%，维生素C 99.4~123毫克/100克，室温下可存放30天左右。

1.2.1.6 金魁

平均果重103克，最大果重172克，纵径为6.78厘米，横径为4.95厘米，侧径为4.52厘米，果实阔椭圆形，果面黄褐色，茸毛中等密，棕褐色，果顶平，果蒂部微凹。果肉翠绿色，汁液多，风味特浓，酸甜适中，具清香，果心较小，果实品质极佳，含可溶性固形物18.5%~21.5%，最高达25%，总糖13.24%，有机酸1.64%，维生素C 120~243毫克/100克。耐贮性强，室温下可贮藏40天，抗逆性强，综合性状特优。

1.2.1.7 米良1号

果形长圆柱形，果皮棕褐色，被长茸毛，果顶呈乳头状突起。果肉黄绿色，汁液多，酸甜适度，风味纯正，具清香，品质上等。最大果重128克，平均果重74.5克，含可溶性固形物15%，总糖7.4%，有机酸1.25%，维生素C 207毫克/100克。室温下可贮藏20~30天。

1.2.1.8 川猕1号（苍猕1号）

果实整齐，椭圆形，果皮浅棕色，易剥离，平均果重75.9克，最大果重118克，纵径6.5厘米，横径4.7厘米，侧径约3.9厘米。果肉翠绿色，质细多汁，甜酸味浓，有清香，含可溶性固形物14.2%，有机酸1.37%，维生素C 124.2毫克/100克，质优。果实在常温下可贮存15~20天，果实成熟期9月下旬。

1.2.1.9 周园一号（又名哑特）

为一晚熟鲜食品种，植株生长健壮，抗逆性强，耐旱、耐高温、耐瘠薄、耐北方干燥气候，在陕西关中，果实10月下旬成熟，圆柱形，平均单果重87克，最大127克；果皮褐色，密被棕褐色糙毛；果肉翠绿，果心小；可溶性固形物含量

15%~18%，维生素C含量150~290毫克/100克鲜果肉。

1.2.1.10 香绿

果形倒圆柱形，果底稍大于果顶，果皮红褐色，密生短茸毛且不易脱落。一般单果重85.5克，最大果重171.5克，果实纵径9.3厘米，横径5.3厘米，侧径4.2厘米。果肉翠绿色，汁液多，口感佳，香甜味浓，含可溶性固形物17.5%，维生素C 250毫克/100克。耐贮藏，常温下可存放45天左右，货架期25~30天，果实可延至11月上中旬采收，为晚熟品种。

1.2.1.11 Hort-16A

由新西兰园艺研究所培育，是目前公认的果实品质最佳的品种之一。果实圆顶倒锥形或倒梯柱形，单果重80~150克，果皮绿褐色；果肉金黄色，质细多汁，极香甜。维生素C含量120~150毫克/100克鲜果肉。为一个极好的鲜食加工兼用品种。该品种适宜于大型平顶棚架、“T”形架和小棚架整形。

1.2.2 中华猕猴桃

1.2.2.1 琼霞（78-陈阳4号、高维）

果实近短圆柱形，黄褐色，果皮茸毛不显，果重70~105克的占半数。含维生素C305~316毫克/100克，可溶性固形物10%，总酸1.4%。3年生嫁接树平均株产6.3千克，最高株产18.5千克。在河南省伏牛山区9月上中旬果实成熟。是制果汁、果酱、糖水罐头的优良加工株系。

1.2.2.2 9-23

果实圆锥形，果皮褐色，有短而密的柔毛，果实大小均匀，平均重58克，最大重74克。含维生素C 252毫克/100克，可溶性固形物18.5%，总酸1.3%。果肉细嫩多汁、味香甜、品质上，鲜食、加工均宜。在贵州省贵阳10月中旬果实成熟。

1.2.2.3 庐山香（79-2）

果实长圆柱形，果皮黄褐色，茸毛不显，外形美观，平均果重123克，最大重175克。含维生素C 120~159毫克/100克，总糖7.8%，总酸1.48%。果肉淡黄色，细致多汁，风味良好。在冷藏条件下贮存4个月维生素C含量不变，货架期10~14天，为鲜食优良品种。在江西省庐山，9月下旬至10月上旬果实成熟。

1.2.2.4 金丰（79-3）

果实长椭圆形，果皮黄褐色，茸毛较易脱落，果实大小均匀，平均重110克，最大重138克。含维生素C 103毫克/100克，可溶性固形物14.5%，柠檬酸1.65%。果肉淡黄或金黄色，汁多，酸甜适中，香气较浓，为鲜食品种。采收后，室温下可贮30天左右，冷藏可贮4个月。在江西省奉新，9月下旬果实成熟。

1.2.2.5 武植-3

果实近椭圆形，果皮暗绿褐色，茸毛稀少，平均果重118克，最大重156克。含维生素C 220~260毫克/100克，可溶性固形物12%~15.5%，柠檬酸1.29%。果肉浅绿色，质细汁多，味酸甜，香气浓，是鲜食、加工兼用的株系。3年生嫁接树株产17.5千克。在湖北省武汉地区，9月中下旬果实成熟。

1.2.2.6 厦亚5号

果实近椭圆形，茸毛少，平均重93克，最大重128克。含维生素C 205毫克/100克，可溶性固形物13%，总酸1.55%。酸甜适中，有香气，为鲜食株系。

1.2.2.7 北川3018

果实圆柱形，果皮有少量茸毛，平均重83克，最大重93克。果肉黄绿色，味酸甜，有香气。含维生素C 260毫克/100克，可溶性固形物14.1%，总酸1.67%。适于鲜食和加工。在四川省北川地区9月果实成熟。

1.2.2.8 早鲜（79-5）

平均果重150.5克，果形长圆柱形，纵径5.54~6.31厘米，横径4.65~4.82厘米，侧径4.5~4.74厘米，果形端正，整齐一致。果肉绿黄或黄色，质细多汁，酸甜适口，风味较浓，微清香，含可溶性固形物12%~16.5%，总糖7.02%~10.78%，有机酸0.91%~1.25%，维生素C 73.5~128.8毫克/100克，品质优，果心小。果实在室温下可存放7~10天，冷藏120天，硬果完好率达87.2%，维生素保存率81.5%。

1.2.2.9 魁蜜（79-1）

平均果重92.2~106.2克，最大果重达183.3克，果实扁圆形，果肉黄或黄绿，质细多汁，酸甜或甜，具清香或微香，含可溶性固形物12.4%~16.7%，总糖6.09%~12.08%，有机酸0.77%~1.49%，维生素C 93.7~147.6毫克/100克，品质优。果实在室温下可存放12~15天，9月上中旬果实成熟。

1.2.2.10 怡香（XL-79-11）

果实圆柱形，果基部浅平，果顶圆，顶洼平，平均单果重70.1~100.9克，最大果重161克。果肉黄绿色或绿黄色，质细多汁，酸甜适口，香气甚浓，品质上等，含可溶性固形物13.5%~17%，总糖6.64%~11.84%，有机酸0.94%~1.38%，维生素C 62.1~81.5毫克/100克。采收后在20~25℃室温下可存放10~15天。9月初至中旬果实成熟。

1.2.2.11 通山5号（武植80-21）

果实长圆柱形，果顶凹入，最大果重137克，平均果重80~90克。果肉绿黄色，质地细软，风味佳，具清香，酸甜适度，含可溶性固形物15%，总糖10.16%，有机酸1.16%，维生素C 80毫克/100克，果实成熟期在9月中下旬。具抗旱性强、适应性广、早实果大、丰产稳产、耐贮藏等优良经济性状。

1.2.2.12 红阳（苍猕1-3）

果实长圆柱形兼倒卵形，果顶、果基凹，果皮绿色，果毛柔软易脱落，皮薄。果肉黄绿色，果心白色，子房鲜红色呈放射状图案，果实横切面果肉呈红、黄、绿相间的图案，具有特殊的色泽，平均单果重92.5克，最大单果重可达150克，品质优良。含可溶性固形物高达19.6%，总糖13.45%，有机酸0.49%，维生素C 135.77毫克/100克。肉质细嫩，口感鲜美有香味。

1.2.2.13 桂海4号

高产稳产，果实中等大小，60克以上的果实约占65%，最大单果重达116克。果形阔卵圆形，果顶平，果底微凸，果皮较厚，果斑明显，成熟时果皮黄褐色，感观好。果肉绿黄色，细嫩，酸甜可口，味清香，风味佳，含可溶性固形物15%~19%，总糖9.3%，有机酸1.4%，维生素C 53~58毫克/100克。果实加工性能好，加工产品的品质稳定，风味好。果实9月上旬成熟。

1.2.2.14 磨山4号

中华猕猴桃优良雄性品种。‘磨山4号’的萌芽率、花枝率均高，花量大，树形紧凑。它比一般雄株的花期长2周，能与中华猕猴桃所有品种花期相遇，与花期早的美味猕猴桃花期也能相遇，这样便于在生产中推广。而且用它作授粉树结出的果实维生素C含量提高，果实增大，果色美观，种子数减少，提高了果实的商品性状。

2 生物学特性

2.1 生长结果习性

2.1.1 树性

猕猴桃为多年生木质藤本植物，常需依附在其他物体（支架）上生长。猕猴桃为雌雄异株植物，雌花的花粉败育，雄花的子房与柱头萎缩，分别形成单性花，只有雌雄株搭配才能授粉受精结实。据报道，近年已在栽培的猕猴桃品种中发现了雌雄同株以及能结果的雄株等类型，并且新西兰育成相应品种。猕猴桃由于生产上常采用扦插、嫁接或组培繁殖，栽植1~2年后即可结果，3~4年进入丰产，又由于其自然更新能力强，故树龄亦长，百年以上的老树仍能正常结果。在江西修水县，就有400年生的中华猕猴桃仍然结果累累。

2.1.2 根系

猕猴桃有发达的须根系，而且是肉质根，根内贮藏有大量的营养物质，包括有水分、维生素、淀粉、糖、矿物质等多种有机和无机成分，初生根为乳白色，渐转为淡黄色至褐色。猕猴桃根的皮层极厚，根皮率30%~50%，甚至有报道高达72.7%者，成熟根的表皮常发生龟裂状剥落，内皮层为粉红或暗红色。猕猴桃的成年植株根系分布多表现为浅而广，水平分布常为地上部的2~3倍，垂直分布多在20~80厘米范围内。比较而言，猕猴桃的根系侧根较少，但根的导管很发达，故根压非常大，所以萌芽力强，春季树液流动明显，常常可以看到因冬季修剪或损伤某一部分器官而造成严重的伤流。猕猴桃的藤蔓易产生不定根，故可采用扦插繁殖，猕猴桃根系具有强大的再生能力，并可在根上产生不定芽，进一步发育成新的个体。猕猴桃与其他多年生木本落叶果树有类似的根系生长规律，即根系的生长与新梢的生长交替进行，在新梢的生长高峰后，有二次根系生长高峰，在新梢第二次生长高峰后，又有根系的第二次生长高峰。

2.1.3 芽的类型和特性

猕猴桃的芽外面包有3~5层黄褐色毛状鳞片，着生在叶腋间海绵状芽座中，通常1个叶腋间有1~3个芽，中间较大的芽为主芽，两侧为副芽，呈潜伏状。主芽易萌发成为新梢，副芽在主芽受伤或枝条短截时才能萌发。老蔓上的潜伏芽萌发之后，多抽生为徒长枝，栽培上可利用这种枝条进行树冠更新。

主芽有叶芽和花芽之分：幼苗和徒长枝上的芽多为叶芽；呈水平方向生长，发育良好的生长枝或结果枝的中上部叶腋萌发的芽通常为花芽。猕猴桃的花芽为混合芽，芽体肥大饱满，萌发后先抽生新梢，并在其中下部的几个叶腋间产生花蕾，开花结果（雄株只开花）。猕猴桃当年形成的芽即可萌发成枝，表现为早熟性。但由于结果枝或花枝上的花或花序（可看作是主芽形成的）是着生在叶腋间，故已开花结果部位的叶腋间的芽（其实是副芽）则很难再萌发，而成为盲芽，该节位亦形成盲节，在栽培修剪中应注意这些部位枝条的更新复壮。

不同物种或品种芽的大小和形状有差异，如美味猕猴桃的芽垫较中华猕猴桃的大，但芽的萌发口较小，是休眠期区别它们枝条或苗木的重要特征。

2.1.4 枝蔓的特性和类型

2.1.4.1 特性

猕猴桃为藤本植物，在自然状态下，为了获得光照和争取空间而攀缘其他物体以生长，它的茎是蔓生的，具有细长、坚韧、组织疏松、质地轻软、生长迅速的特点，通常称作“枝蔓”或“蔓”。枝蔓中部均有较大的髓。猕猴桃的髓有实心和片层状两类。新梢的髓呈片层状，黄绿、褐绿或棕褐色。随着枝蔓的老熟，髓部变大，多呈圆形，髓片褐色。猕猴桃是攀缘植物，从攀缘方式上看，猕猴桃则为缠绕茎。

猕猴桃没有卷须、吸盘之类的特化攀缘器官，但它的枝蔓具有逆时针旋转的缠绕性。当枝条生长到一定长度，因先端组织幼嫩不能直立，就靠枝条先端的缠绕能力，随着生长自动地缠绕在其他物体上或互相缠绕在一起。值得注意的是猕猴桃虽属蔓生性植物，但并不是整个枝条都具有攀缘性，其生长初期都具直立性，先端只是由于自重的增加而弯曲下垂，并不攀缘，旺盛生长的枝条或徒长枝在生长后期，由于营养不良，先端才出现攀缘性。猕猴桃的枝蔓在生长后期顶端会自行枯死，即自枯或称为自剪现象。自剪期的早晚与枝梢生长状况密切相关，生长弱的枝条自剪早，而生长势强健的枝条直到生长停止时才出现自剪。这种自枯还与光照不足有关。

2.1.4.2 结果枝和结果母枝

猕猴桃枝蔓上的芽分为叶芽与花芽，而且其花芽都是混合芽，即花芽萌发抽梢后，在新梢上着生花序或单花。枝蔓据此可分为三种类型，即生长枝（营养枝、发育枝）、结果枝（结果新梢）和结果母枝。分述如下。

生长枝　又叫营养枝或发育枝，是指那些由叶芽萌发，不带花序或花的新梢，这些新梢仅进行枝、叶器官的营养生长而不能开花结果，根据生长势的强弱，可分为徒长枝、营养枝和短枝。徒长枝多从主蔓上或枝条基部潜伏芽（隐芽）萌发，生长势强，长达3~6米，节间长，芽较小，组织不充实。营养枝主要从幼龄树和强壮枝中部萌发，长势中等，这种枝条可成为次年的结果母枝。短枝是从树冠内部或下部枝上萌发，生长势弱，易自行枯亡。猕猴桃新梢上的芽亦可当年萌发成枝，形成一次副梢、二次副梢等，有利于迅速扩大树冠，但副梢上不易发生花序。

结果枝　猕猴桃雌株上由混合芽萌发能开花结果的新梢称为结果枝。猕猴桃雄株的枝只开花不结果，称为花枝。猕猴桃的结果枝多着生在1年生枝的中上部和短缩枝的上部。根据枝条的发育程度和长度，结果枝又可分为徒长性结果枝（150厘米以上）、长果枝（约1米）、中果枝（30~50厘米）、短果枝（10~30厘米）和短缩果枝（10厘米以下）5种。但长、中、短果枝的划分要根据种类或品种等不同情况而定。据调查，进入结果期的中华猕猴桃及美味猕猴桃主要以短缩果枝和短果枝结果为主，可占50%~70%；而毛花猕猴桃则以长果枝、中果枝和短果枝结果为主，约占73%。

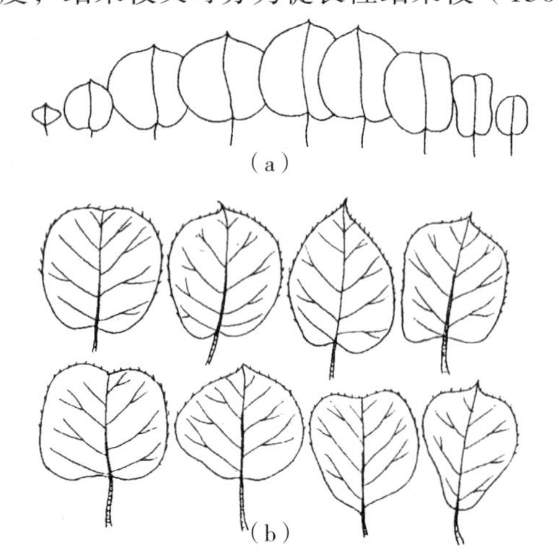

图1　中华猕猴桃和美味猕猴桃的叶形
（a）中华猕猴桃的叶形；（b）美味猕猴桃的叶形

结果母枝　结果母枝是由上年成熟的枝蔓经过剪截而成。结果母枝是猕猴桃植株的结果基枝，生产上常根据预计收获的产量，来计划剪留结果母枝的数量。结果母枝上的芽子萌发后抽生的1年生新梢带花序的叫结果枝，不带花序的叫发育枝。抽生结果枝的比例与品种、栽培条件有关。

2.1.5 叶

猕猴桃为单叶、互生，叶形有圆形、卵圆形（心脏形）和扁圆形（肾脏形）等，叶长5~15厘米，宽6~8厘米，叶缘多有锯齿，很少全缘（图1）。

猕猴桃叶片大而较薄，纸质或半革质。猕猴桃叶片厚度约1毫米，角质层较薄，叶肉的栅栏组织只有一层细胞，海绵组织细胞间隙不发达，为中生植物的特点。猕猴桃叶的形状，物种品种之间差异很大，叶下面及叶柄的毛被也不一样。同一株上的叶形和颜色也因着生部位和年龄而有变化。叶片的形状、大小、色泽、厚薄以及叶背茸毛的多少、长短及类型等是识别品种和进行分类的重要标志。

2.1.6 花芽分化

猕猴桃花芽的生理分化在越冬前就已完成，而形态分化一般在春季，与越冬芽的萌动相伴随。与许多果树不同的是，猕猴桃花芽形态分化的时期很短，自萌动至展叶前结束，仅20多天。

猕猴桃的花或花序是在结果母枝的越冬芽内形成，一般是下部节位的腋芽原基先进行分化。首先分化出花序原基，再进一步分化出顶花及侧花的花原基。当花原基形成以后，花的各部分便按照向心顺序，先外后内依次分化。按花芽的形态分化过程，可分为以下几个时期。

（1）未分化期：未分化的芽为叶芽，在显微切片解剖图上可看到中央有一短的芽轴，其顶端为生长点，四周为叶原基。幼叶即由叶原基发育而成，幼叶的叶腋间产生腋芽原基，在适宜的条件下，腋芽原基即分化成花。

（2）花序原基分化期：又可分为前、中、后3期。前期腋芽原基的分生细胞不断分裂，腋芽原基膨大呈弧状突；中期腋芽原基进一步向上突起呈半球形；后期半球形突起伸长、增大，顶端由圆变为较平，形成花序原基。

（3）花原基分化期：随着花序原基的伸长，形成明显的轴，顶端的半球状突起分化为顶花原基；其下分化出1对苞片，在苞片的腋部出现侧花的花原基突起。

（4）花萼原基分化期：在侧花原基形成的同时，顶花原基增大，并首先分化出1轮（5~7个）花萼原基突起，每一突起发育成1个萼片。

（5）花冠原基分化期：当花萼原基伸长开始向心弯曲时，其内侧分化出与花萼原基互生的1轮（6~9个）花冠原基突起，每一突起发育成1个花瓣。

（6）雄蕊原基分化期：在花萼原基向上伸长向心弯曲覆盖花冠原基时，花冠原基内侧分化出两轮突起，每一突起为1个雄蕊原基。

（7）雌蕊原基分化期：当花萼原基向心弯曲伸长至两萼相交时，雄蕊原基内侧分化出许多小突起，每一突起为1个心皮原基。

雌、雄花的形态分化，在前期极为相似，直到雌蕊群出现，两者的形态发育才逐渐出现明显的差异。雌蕊群出现之后，雌花中的雌蕊发育极为迅速，柱头和花柱的下面形成1个膨大的子房，雄蕊的发育较缓慢。雄花中也分化出雌蕊群，但发育缓慢，结构也不完全，而雄蕊群却极为发达，发育很快，雄蕊上的花药几乎完全覆盖了退化的雌蕊群。

2.1.7 **花和花序**

猕猴桃为雌雄异株植物，即花分为雌花、雄花。从形态上讲，雌花、雄花都是两性花，但由于雌花的花粉败育，雄花的子房与柱头萎缩，因而分别形成单性花。

不同种类猕猴桃的花，其大小和颜色是不同的。美味猕猴桃的花径平均可达4.5厘米，中华猕猴桃的为3厘米左右，柱果猕猴桃的雌花、雄花的花径只有0.4厘米左右。萼片一般为5枚，也有2~4枚的，分离或基部合生。花瓣多为5枚，呈倒卵或匙形，杂交形成的种间杂种，其花瓣数可能加倍。雌蕊有上位子房，多室，胚珠多数着生在中轴胎座上，花柱分离，多数呈放射线状，花后宿存。雄花子房退化，花柱较短；雄蕊多数有丁字花药，纵裂，呈黄色或黑紫色。雌花中有短花丝和空瘪不孕的药囊。

大多数的猕猴桃物种或栽培品种的花瓣，在刚开放时为乳白色或浅绿色，不久便变成淡黄色或黄褐色。毛花猕猴桃的花瓣为粉红色，其花色艳丽，可作为绿化树种。

猕猴桃的花一般着生在结果枝的第一至第七节间，但不同种类甚至品种间其着生节位略有差异。中华猕猴桃、美味猕猴桃第一至第七节均可着花，而以第二至第五节着花最多；毛花猕猴桃第一至第十节可着花，以第三至第六节着花最多。

雌性植株的花多单生，少数呈聚伞花序，但种、品种之间有差异。中华猕猴桃的一些品种，如‘通山5号’等的花多为单生，而‘武植3号’‘金丰’等的花则多为聚伞花序；美味猕猴桃的著名品种‘海

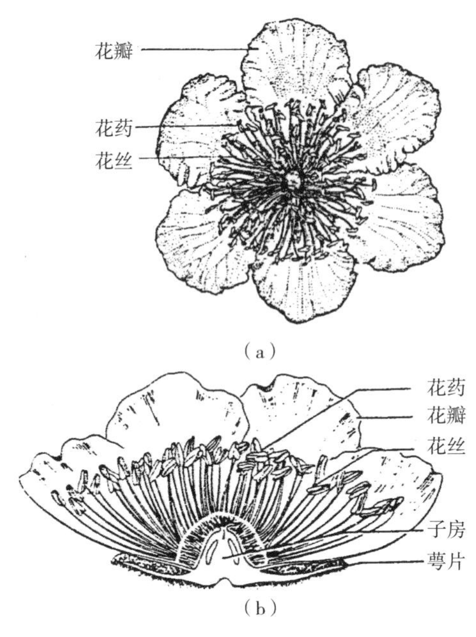

图2 猕猴桃的雄花
(a)平面图；(b)纵切面图

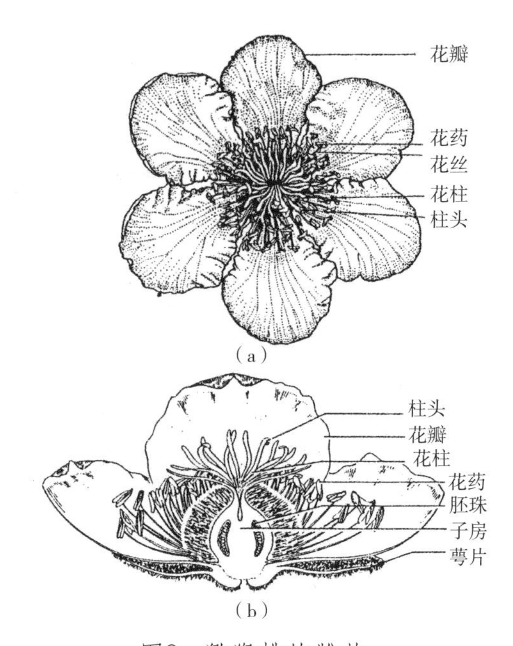

图3 猕猴桃的雌花
(a)平面图；(b)纵切面图

沃德’的花多单生，‘布鲁诺’‘蒙蒂’等品种的花呈花序状。阔叶猕猴桃、毛花猕猴桃、大籽猕猴桃等的花多为聚伞花序。雄性植株的花多呈聚伞花序，少数为单生花。每一花序中花朵的多少在种间及品种间均有差异。如阔叶猕猴桃的雄花多为3~4歧聚伞花序，每花序具8~14朵花；毛花猕猴桃、美味猕猴桃、中华猕猴桃的雄花序通常为3朵，偶尔也有4~7朵的。花朵数的多少是选择授粉品种的重要条件之一。

猕猴桃的花从现蕾到开花需要25~40天。每花枝开放时间雄花较长，为5~8天，雌花3~5天。全株开花时间，雌株5~7天，雄株7~12天。中国科学院武汉植物研究所选育的中华猕猴桃雄株‘磨山4号’的花期长达15~20天。花开放的时间多集中在早晨，一般在7：30以前开放的花朵数量为全天开放的77%左右，11：00以后开放的花仅占8%左右。

开花顺序从单枝来看，大部分是先内后外，先下后上。同一枝条上，多由下节位到上节位；从同一花序来看，顶花先开，两侧花后开。单花开放的寿命与天气变化有关，在开花期内天晴、干燥风大、气温高，花的寿命短；反之，阴天、无风、气温低、湿度大时，开花时间长。

猕猴桃为雌雄异株果树，雌花只有在授粉后才能结果。在雄花产生的花粉可通过昆虫、风等自然媒体传到雌花的柱头上，也可人工采集花粉，然后进行授粉。授粉的效果除与环境有关外，更与花粉、柱头的生命力强弱有关，必须掌握好授粉的恰当时期，才会收到良好的效果。雌花的受精能力以开放后的当天至第二天最强，3天后授粉的结实率下降，5天以后就不能受精了。花粉的生活力与花龄有关，花前1~2天和花后4~5天，花粉都具有萌发力，但以花瓣微开时的萌发力最高，产生的花粉管也长，有利于深入柱头完成受精。

授粉对提高猕猴桃产量和果品质量起重要作用。为了提高授粉率，通常在花期利用蜜蜂辅助授粉，但猕猴桃花无蜜腺或蜜腺极不发达，不特别吸引蜜蜂，需放置蜂箱的数量较多，每公顷以7~8箱为宜。

放蜂的最佳时期是10%~20%的花开放后，还可进行人工和机械辅助授粉。

每个商品果的种子含量为1 000~1 200粒，需要在花的柱头上有2 000~3 000粒有活性的花粉。雌花的柱头呈分裂状，分泌汁液，花粉落上柱头后，通过识别即开始萌发生长，花粉管经柱头通过珠孔进入胚囊后释放出精子，与胚囊中的卵细胞结合，形成受精卵。整个授粉、受精过程需要30~72个小时。雌花受精后的形态表现为柱头授粉后第三天变化，第四天枯萎，花瓣萎蔫脱落，子房逐渐膨大。

猕猴桃从终花期到果实成熟，需120~140天，在此期间，果实经过迅速生长期、缓慢生长期和果实成熟期3个阶段。

在武汉地区，第一阶段从5月上旬到6月下旬，此期果实的体积和鲜重增长很快，先是由果心和内、外果皮细胞的分裂引起的，然后是因细胞体积的增大所致。此期生长量达总生长量的70%~80%，内含物主要是碳水化合物和有机酸，其增加程度同果实迅速生长的速度相同。缓慢生长期自6月下旬至8月上中旬，种子加速生长发育，果皮由淡黄色转为浅褐色。在7~8月份，淀粉及柠檬酸迅速积累时，糖的含量则处于较低水平。第三阶段从8月中旬到10月上旬，果实的体积增长停滞，果皮转为褐色，种子赤褐色。内含物的变化主要是果汁增多，糖分增加，风味增浓，出现品种固有的特性。

猕猴桃果实中酸的含量则伴随着淀粉含量的降低而降低。维生素C的含量在果实发育前期随着果实增大而增加，接近成熟时，其含量有缓慢降低的趋势。

种子数量多而小，位于靠近胎座的周围。种子长度的发育开始于受精之后，经过60天左右，此时珠心发育到最大程度。随后胚乳和珠心内层发育完全。与其他果树不同的是，当其胚乳和珠心迅速生长时，胚却仍停留在双细胞阶段。直到花后60天，双细胞的胚才进行分裂形成珠心胚，然后迅速发育。种子在果实的缓慢生长阶段逐渐充实，种皮渐硬，由白色转为淡褐色。

猕猴桃成花容易，坐果率高，加之一般无生理落果，所以丰产性好。中华猕猴桃以中短果枝结果为主，以当年生枝的第四至第六节结果为主。结果枝大多从结果母枝的中上部芽萌发。结果母枝一般可萌发3~4个结果枝，发育良好的可抽8~9个。结果母枝可连续结果3~4年。结果枝抽生节位的高低随结果母枝短截的程度而变化，结果枝通常能坐果2~4个，因品种而有差异，有的仅坐1~2个果，而丰产性能好的品种能坐5~6个。猕猴桃各类结果枝所占比例和结果能力与遗传特性和树体管理相关，种内类型之间也有差异。中华猕猴桃着生2~4个果的果枝占全果枝的70%~100%，美味猕猴桃则60%~70%的果枝着生2~4个果。

生长中等的结果枝，可在结果的当年形成花芽，又转化为结果母枝；而较弱的结果枝，当年所结果实较小，也很难成为次年的结果母枝。对生长充实的徒长枝加以培养，如进行摘心或短截，可形成徒长性的结果母枝。充分利用徒长性枝来结果，是高产、稳产中值得注意的技术措施，也是其他果树上很少见的。由于猕猴桃结果的节位低，又可在各类枝条上开花结果，这为其修剪与结果部位更新以及整形和丰产稳产提供了有利条件。

中华猕猴桃和美味猕猴桃的单生花与花序花的坐果率，在授粉良好的情况下无明显差异。单生花在后期发育中，果形较大；而花序坐果越多，则果形越小，但在栽培条件良好的地方，且整树结果不是过多时，即使一花序坐果2~3个，也能结成较大的果实。一般来说，要获得较大的果实，在开花前应对花序进行疏蕾，保留中心花蕾。如果当年花期遇到不利的授粉天气，疏果程度要轻，或不疏果，且应在幼

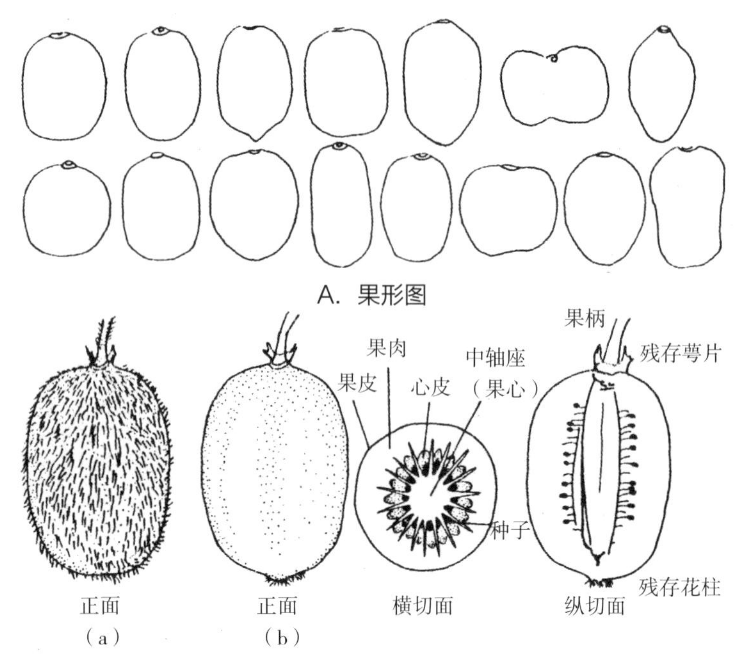

图4 猕猴桃的果实

（a）美味猕猴桃；（b）中华猕猴桃

果坐住后疏除小幼果，这样比较稳妥，否则易造成减产，值得引起注意。

2.1.8 果实和种子

猕猴桃的果实为浆果，外表皮多为褐色，由一层木栓化细胞形成，皮孔和表皮无毛或被茸毛、硬刺毛。子房上位，由34~35个心皮构成，每一心皮具有11~45个胚珠，形成许多小型棕色种子，胚珠着生在中轴胎座上，一般形成两排。可食部分为中果皮和胎座。中果皮由圆或近圆形的薄壁细胞组成，大小不一，直径20~200微米，胎座由小型的长圆形薄壁细胞组成，整个果肉遍布许多大型异细胞，为分泌组织，内含黏液。

果实大小一般为20~50克，最小果实不足1克（如红茎猕猴桃、海棠猕猴桃），果实较大的是中华猕猴桃和美味猕猴桃，最大可达200克以上。果实表面有斑点（明显的皮孔）或无斑点（皮孔不明显）。果椭圆形、近球形、圆柱形、长圆形、纺锤形、卵圆形等。果皮较薄，颜色有绿、黄褐、橙黄色等。果肉多为黄色或翠绿色，也有红色的。果实软熟后，糖分增加，颜色有的转为金黄色，质地细软，有特殊香味，口感甜酸适度。

猕猴桃的种子很小，千粒重多为1.2~1.6克，最小的仅0.2克左右，最大的是大籽猕猴桃，为7.3克。种子长圆形，成熟新鲜的种子多为棕褐色或黑褐色，干燥的种子黄褐色，表面有条纹或龟纹。胚乳丰富，肉质，胚呈圆柱形、直立，子叶很短。种子含油量高，为22%~24%，最高可达36.5%。种子还含有15%~16%的蛋白质。

2.2 物候期

猕猴桃种类多、分布广，由于地域气候条件不同，同一种类在不同地区其物候期常有较大差别。如中华猕猴桃品种‘庐山香’在云南昆明2月下旬萌芽，3月下旬开花；在武汉则于3月中旬萌芽，5月上旬开花，两地的物候期前后相差20多天。在同一地区，不同种类猕猴桃的物候期早、晚也有所不同。如美味猕猴桃较中华猕猴桃的开花期稍迟，分别在4月下旬至5月中旬和4月中下旬；而野生于我国南方的阔叶猕猴桃的开花期则到6月中旬。同一地区栽种同一品种，因海拔高度不同，物候期也不同，一般随着海拔的升高，萌芽期推迟，而落叶休眠期随着海拔的升高而提前。另外，还有同一地区的同一品种，在不同年份的物候期也有细微差别。

猕猴桃的生长物候期主要的观察记载标准如下：

（1）伤流期：树液在体内开始流动至停止的时期。

（2）芽萌动期：全树约有5%的芽鳞片裂开，微露绿色。

（3）展叶期：全树约有5%的枝条基部的第一片叶全部展开。

（4）开花期：从全树约有5%的花朵开放到有75%的花朵的花瓣凋落的一段时期。

（5）果实成熟期：果实采收后经后熟，能呈现固有品质，种子呈棕黑色。新西兰曾对‘海沃德’品种采用测定可溶性固形物含量，至少达到6.2%时开始采收，但品质最佳时，可溶性固形物应在7%~10%之间。

（6）落叶期：叶柄产生离层叶片脱落。

猕猴桃主要栽培品种在武汉地区的物候期，一般3月上中旬萌动；3月下旬至4月上旬展叶；4月下旬至5月上旬开花；5月中旬为新梢旺长期；8月下旬至11月上旬为果实成熟期，果实的生长发育期为130~185天；植株12月中旬落叶。整个营养生长期为230~250天。

猕猴桃部分栽培品种的开花物候期如表1所示（武汉地区）。

2.3 对环境条件的要求

猕猴桃是世界最古老的植物，在长期系统发育中，形成了多种多样的种类和类型，适应了地球上多种多样的生态环境，目前已遍布世界各国。作为经济栽培，猕猴桃的主要栽培种中华猕猴桃和美味猕猴桃，主要分布在南、北纬18~34℃。栽培猕猴桃要求的生态条件是气候温和、雨量充沛、土壤肥沃、植被繁茂。猕猴桃对温度、光照、水分、土壤等生态环境的要求分述如下。

2.3.1 温度

大多数猕猴桃种类喜欢温暖湿润气候。温度不仅影响其地理分布，也影响其生长发育的进程。综合分析猕猴桃主要产区的气温条件得知，在年平均气温11℃以上的地区可以正常生长。在年平均气温11.3~16.9℃，极端最高气温42.6℃，极端最低气温-20.3℃，≥10℃有效积温4 500~5 200℃，无霜期210~290天的山区分布较多，开花结实较好。

气温对猕猴桃萌芽的影响明显，其萌芽时的平均温度（即生物学零度）是相对稳定的。据不同地区的观察，中华猕猴桃和美味猕猴桃的生物学零度在8℃以上。如果日平均气温高于8℃时，猕猴桃就开始萌动生长；低于8℃生长就会受到影响。气温的高低与新梢生长关系密切。当平均气温在20~25℃时，新梢生长最快；15℃左右时生长缓慢；当气温下降到12℃左右时，进入落叶休眠。

猕猴桃进入休眠期后，耐寒性较强，一般可耐-12℃以下的低温。但春季萌芽后，在海拔较高或纬度偏高的地方，易遭受晚霜冻（倒春寒）的危害，当日平均气温降至1℃以下时，不仅可使刚萌动的芽大部分冻死，而且花量大为减少，影响产量。防止倒春寒是这些地区应注意的问题，以避免和减轻危害的程度。花期的低温阴雨，也会影响猕猴桃的开花结实。秋季的早霜将导致未成熟果实的成熟过程发生异常，品质下降，果皮易皱，香气少，

表1 武汉地区猕猴桃主要栽培品种的开花物候期

品种	初花（旬/月）	盛花（旬/月）	谢花（旬/月）
通山5号	下/4	下/4~上/5	下/4~上/5
武植2号	下/4~上/5	上/5	上/5
武植3号	下/4~上/5	上/5	上/5
庐山香	下/4~上/5	上/5	上/5
金丰	下/4~上/5	上/5	上/5
早鲜	下/4~上/5	下/4~上/5	下/4~上/5
岩前绿	下/4~上/5	上/5	上/5
建科1号	下4	下/4~上/5	下/4~上/5
JK-79D-25	下/4~上/5	下/4~上/5	上/5~上/5
华光10号	中、下/4	中、下/4	中、下/4
海沃德	上、中/5	上、中/5	中/5
东山峰79-09	上、中/5	上、中/5	中/5
秦美	上、中/5	中/5	中、下/5

易发酵变质。

猕猴桃在冬季期间需要有一定的低温。研究表明：猕猴桃的自然休眠，冬季经950~1 000小时4℃的低温积累，就可以满足解除休眠的需要。品种之间对冬季休眠需要的低温量是不同的，‘海沃德’需要的低温总量较‘布鲁诺’和‘蒙蒂’的高，所以‘海沃德’在较寒冷的地区，结果枝上花芽的萌发率较冬季温和地区的高出10%，果实产量也有相应的增加。

猕猴桃虽能忍受42.6℃的极端高温，但久晴高温和干旱的天气，也会给猕猴桃的生长发育带来不利影响，出现落叶、落果或枯梢现象。叶片受高温危害时，叶缘及叶尖失水变褐，重者坏死焦枯。高温使果实受日灼，伤部凹陷皱缩，易脱落，严重影响食用和加工的价值，经济效益显著降低。

2.3.2 光照

猕猴桃对光照的要求随树龄的不同而有差异，幼苗期较耐阴凉；忌强光直射。成年植株则喜欢光照，在具良好光照条件下，生长发育良好；若过分荫蔽，枝条生长不充实，下部枝易枯死，结果少且果实小，品质差。但在夏季，猕猴桃忌强光暴晒，强光对其生长极为不利，常导致果实日灼严重，甚至大量落果，影响果实产量和品质。

在同一株猕猴桃藤蔓上，不同部位的光照强度不一致影响这些部位的坐果率与枝梢生长。如‘武植3号’在棚架叶幕上层的结果枝，结实率为46.3%，而在叶幕下层的荫蔽枝上结实率仅为9.9%。也有报道认为：上层枝所结的果实较大，种子较多，淀粉含量高；而处于叶幕下的结果枝上所结的果实，则相反。枝梢在越冬时的死亡率是下部荫蔽枝的比上部向阳枝的高。猕猴桃树冠内部的郁闭对叶片的净光合率也有很大影响，荫蔽条件下则光合速率低。可见，猕猴桃是喜充足光照的植物。在自然界中，猕猴桃为争取阳光，总要爬到被攀缘树冠的顶端。有人认为：猕猴桃的适宜光照强度为太阳光强的40%~45%，在自然分布区的日照时数为1 300~2 600小时，这样即可满足其生长发育的需要。

由于猕猴桃的喜光性，因此，在栽培中应注意改善树冠内部的光照条件，如在整形修剪和夏季摘心等管理中，应注意内膛枝蔓的及时复壮更新。有些地方采用“活桩”作支架时，“活桩”应选择树冠不过大、叶片小的树种，以利于猕猴桃接受充足的光照。

2.3.3 水分和降雨

猕猴桃的原产地和集中分布区的气候特征表明，喜欢温暖湿润的环境条件是其长期进化形成的遗传特性。水分不足或过多，都会对猕猴桃的生长发育产生不良影响。中华猕猴桃的自然分布区，年降水量为1 000～1 200毫米，空气相对湿度在70%～80%。

据西北大学专家观察，猕猴桃的各类器官均含有大型异细胞，其中含有大量水分。加之地上部枝叶生长旺盛，叶大而薄，且其根、茎木质部的导管都较粗大，水分蒸发量大，这些特性决定了猕猴桃是一种生理耐旱性弱的树种，对土壤水分和空气湿度的要求较高，特别是幼苗期需要适当遮阴和保持土壤的湿润，以避免幼苗枯死。因此，人工栽培猕猴桃，特别是低丘平原地区发展生产时，最大的一个限制因素就是高温干旱的危害。

没有灌溉条件的人工栽培猕猴桃园，在干旱、缺水和高温的情况下，猕猴桃植株的发育常会受到严重威胁，表现为枝梢生长受阻，叶面积变小、黄化，叶片凋萎或叶缘焦枯，落叶率有时可达50%～60%，落果率高达45%以上，还可影响翌年开花结实及树体健壮生长，严重时引起全株枯死。

提高猕猴桃的抗旱能力，除了在生产设施、栽培技术等方面采取抗旱措施外，还应根据当地条件选用较耐旱的品种。据研究，猕猴桃树体抗旱能力与其叶片的形态结构密切相关，茸毛愈密、色泽愈深，蜡质层愈厚、细胞间隙愈小，栅栏组织愈发达、细胞壁愈厚，其抗旱能力愈强。根系中侧根数量多，分布深广，也是其抗旱力强的性状之一。抗旱能力较强的品种有‘通山5号’‘武植3号’‘金魁’等。

猕猴桃的根系浅，为肉质根，根皮层厚的结构，对土壤缺氧反应敏感，在渍水地区常不能生存。猕猴桃耐渍能力很差，特别是幼苗期，根部渍水1天即全部死亡。可见土壤渍水比干旱的威胁更大，在猕猴桃建园选址时要特别注意。

2.3.4 土壤

猕猴桃对土壤的适应范围较广，喜欢土层深厚、肥沃疏松、排灌良好、有机质含量高的沙质土壤。猕猴桃自然分布区的土壤有山地森林土、棕壤、黄壤、红壤等，这些土壤大多属壤土类，黏粒较少，团粒结构好，透气性强，能保水保肥，有机质分解快，因而有利于根系的生长发育。在栽培猕猴桃时，要注意对土壤的选择，如果在黏性重、易渍水及干燥瘠薄的土壤上种植，必须认真地进行土壤改良。

土壤的酸碱度对猕猴桃生长发育亦有影响，适宜的土壤pH5.5～6.5。在pH7.5以上的偏碱性土壤中，猕猴桃就出现缺铁黄化的现象，幼苗期更加明显。但pH也不是绝对的条件，如江苏的徐州果园位于黄河故道地区，土壤pH为7.8的沙壤，土层深厚，有机质含量高（1.2%），猕猴桃特别是美味猕猴桃品种也能生长正常。据湖北省农业科学院果茶研究所研究，猕猴桃在pH高的土壤中易表现严重的缺铁黄化现象，是因为猕猴桃有效铁的临界指标为11.9毫克/千克，故比苹果（9.8毫克/千克）、梨（6.3毫克/千克）更易出现缺铁现象。

土壤中的矿质营养成分对猕猴桃生长十分重要，除氮（N）、磷（P）、钾（K）肥外，还需要镁（Mg）、锰（Mn）、铁（Fe）、锌（Zn）等元素。当土壤中缺乏这些元素时，在叶片上常表现出营养失调的缺素症。如缺钾时，叶片小，呈浅黄绿色，叶缘轻度褪绿，老叶边缘上卷。一般钾的含量为干物质的1.8%以上。缺氮时，叶片变为淡绿色，直至叶片变黄。氮的含量通常占干物质的2.2%～2.8%。缺镁时，老叶叶脉间出现浅黄绿色褪绿现象，然后坏死。一般镁的含量应占干物质的0.38%以上。缺磷时，枝蔓瘦小；叶面积减小，严重时老叶的脉间呈淡绿色，从先端向基部扩展，中脉变红，下表皮的主脉变红。磷通常是干物质含量的0.18%～0.22%。缺锌时，老叶的脉间呈鲜黄色，而叶脉仍保持绿色。

猕猴桃是特别喜铁元素的果树；其叶片的铁元素含量常高达169毫克/千克，比柑橘、葡萄、桃等果树的叶片正常含铁量均高。

农家有机肥料常含有各类矿质营养成分；猕猴桃施基肥时应以有机肥为主，平时也要注意多施绿肥，并配合施用化肥，以改善土壤条件，利于丰产稳产，提高果实品质。

2.3.5 其他环境条件

影响猕猴桃生长发育的因素还有其所处的小环境。如海拔高度和纬度影响气温的变化，猕猴桃通常分布在300～2 000米海拔处的沟谷山坡中，但以250～1 000米高度分布比较集中。一般纬度向北推进1°，气温下降0.7℃；海拔每升高100米，气温下降0.5℃。所以在偏北地区，应考虑海拔高度对猕猴桃生长发育所需要的积温，否则猕猴桃果实不能正常成熟或品质差，严重时会使植株受冻，失去栽培意义。在纬度较低或夏秋气温高地区，适当选择一定海拔高度的地方种植，有利于提高果实品质（含糖量、维生素C增高），对早熟品种如‘武植2号’，可延长其果实的保鲜期。

坡向对猕猴桃生长与自然分布的影响，也是通过改变气温来完成的。南坡（或阳坡）日照强，光照时间也长，温度上升快，物候期开始较早；而在夏季，水分蒸发量大，易遭干旱和日灼之害，土壤贫瘠。在自然分布中，南坡的猕猴桃较其他坡向分布的少，主要是因为幼苗在早期难以成活，而在半阴坡生长旺盛，结果较多。同时，坡度太大，水土流失和土壤冲刷严重，土层瘠薄干旱，不适合猕猴桃生长。在山地建立猕猴桃园时，应选择30°以下的缓坡地带，栽植在东、西坡向，避免栽种在土壤瘠薄、容易受旱的地块。

植被对猕猴桃的分布、生长也有密切关系。植被有乔木、灌木和草本植物，这些伴生植物不仅能指示土壤的类型，影响气象因素和调节气候，又是猕猴桃枝蔓攀缘生长的自然支架。

伴生植物以灌木为主，种类超过60种。据观察，猕猴桃攀缘在灌木丛中，光照充足，立地优越，生长良好，树冠大，枝蔓粗壮，结果多，产量高。而在松、杉、栎等高大乔木林中，猕猴桃枝蔓很难爬攀到树冠之上，使生长势减弱，枝蔓细小，结果少。在完全没有攀缘物时，被其他植物覆盖，则生长差，很少开花结实。所以猕猴桃只能在林中空地或林缘生长，这样才能保证它的受光量而正常生长发育。了解猕猴桃的伴生植被及周围的生态环境，可为猕猴桃的建园与栽培管理提供参考，以减少建园的盲目性。

猕猴桃对风的敏感程度比任何一种果树，包括葡萄在内都要高得多。在自然状态下，即使处于丛林“保护”下的猕猴桃，也多集中在背风向阳的地方。在人工栽培状态下，因无昔日丛林的掩护，因而对风更为敏感，尤其是对大风或狂风暴雨。这种高度敏感性表现在猕猴桃的新梢幼嫩，基部结合弱，且叶薄而大，受风害后，易使嫩梢折断或新叶破损。在5月中下旬至6月初，正是猕猴桃幼果快速发育期，而此时也常常有干热的南洋风，若在没有防风林的地方，幼果表面很容易擦伤，影响果实的商品价值。春夏的干热风会使幼苗过度失水萎蔫，造成死亡，所以建园时必须考虑风害问题，避免在迎风的地方栽植。

夏秋的大风也可撕破叶片，擦伤果实，影响产量和品质。冬季遇寒风低温，可使枝蔓失水抽干，造成死芽，影响翌年的生产。在花期遇大风，易使雌花的柱头干枯，蜂类无法活动，使花器破碎。花期缩短，影响授粉、受精而减产。在大风频繁的地区栽植猕猴桃，一定要事先造好防风林。

3 栽培技术要点

3.1 苗木培育

猕猴桃苗木的培育，可以分为有性繁殖和无性繁殖。其中有性繁殖除用于选育新品种外，多用于为嫁接繁殖提供砧木苗，而生产上大量采用的扦插、嫁接和组培育苗都是属于无性繁殖。

3.1.1 嫁接繁殖

嫁接是猕猴桃最常用，也是最重要的繁殖方法。

3.1.1.1 砧木的培育

猕猴桃砧木苗的培育，一般采用种子实生繁殖，目前生产中仍大量采用共砧，尤以‘金魁’的种子为最佳，种子处理亦需经过采种，阴干、保存和层积或变温处理。猕猴桃的种子甚小（大小仅2~3毫米），幼苗细弱，怕干、怕晒、怕渍，最宜采用装有自动弥雾或微喷装置的现代化苗床托盘育苗。

3.1.1.2 嫁接

猕猴桃因髓部横切面大，伤流严重，且芽座大、芽垫厚，故嫁接较其他果树困难一些，现采用最多的是单芽枝腹接，方法如图5。从芽的背面或侧面距芽上方约1.5厘米选一平直面削3~4厘米，深度以刚露木质部为宜，再在削口对应面的下方约呈50°角左右切成短斜面。在砧木离地面10~15厘米较平滑处下刀，深也以达木质部或略深为宜，纵切，长度略大于接穗的削面，并将削开的外皮切除总长的2/3左右，再插入接穗，至少一侧的形成层要

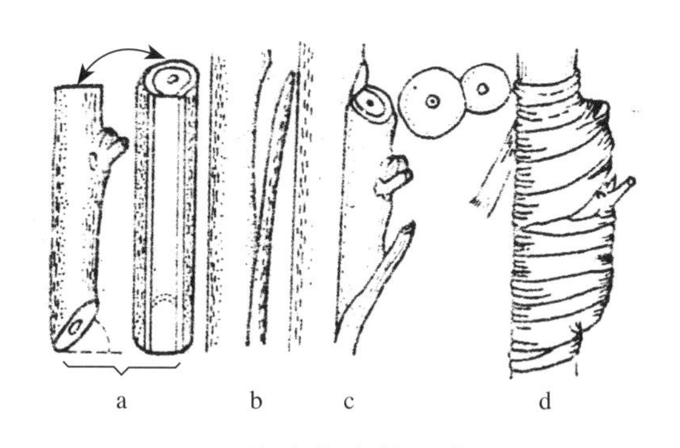

图5　单芽枝腹接示意图
a.削芽枝；b.切砧木；c.插芽枝；d.绑缚

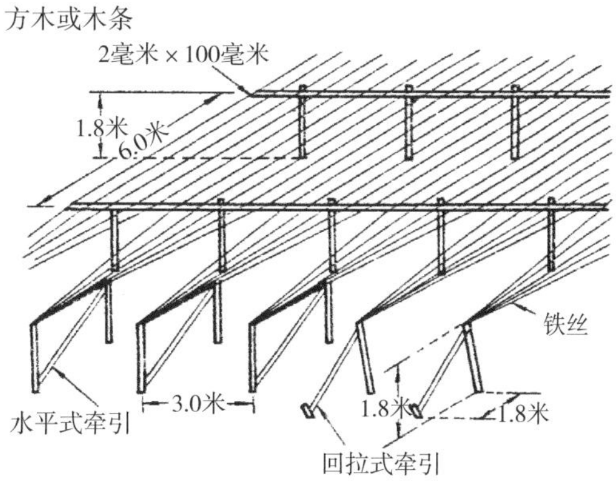

图6　大型平顶棚架结构示意图

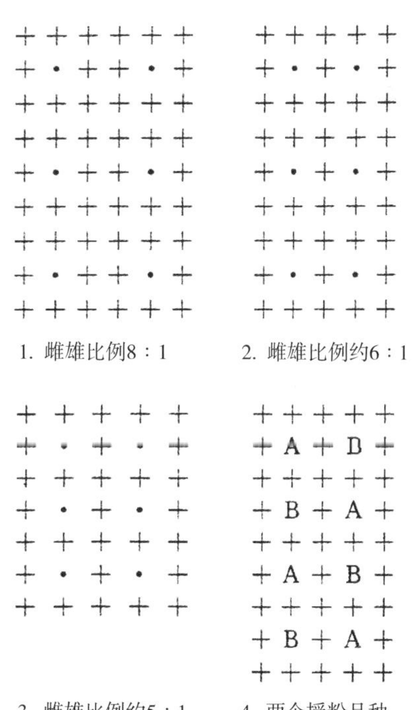

“+”：主栽雌性品种
“·”：雄株　A，B：授粉品种

图7　猕猴桃雌雄搭配栽植示意图

对齐。然后用塑料薄膜条扎紧，露出接穗的芽及其叶柄。该方法春、夏、秋季均可进行，一般要求砧木距地面10～15厘米处径粗0.6厘米以上。

3.1.2 组织培养

试管繁殖是猕猴桃组织培养应用最多，最有成效和最成熟的一项现代技术，可在短期内提供大量的苗木。猕猴桃方面，目前世界上较完整的工厂化育苗生产线主要集中在意大利和法国，欧盟国家现大田生产所用的苗木已经全部是组培苗。猕猴桃生产用的组培苗属于丛芽增殖型，即茎尖或初代培养的芽，在适宜的培养基上诱导，不断发生腋芽，成为丛生芽，然后转入生根培养基，诱导生根成苗，扩大繁殖。这种方法从芽到芽，遗传性较稳定，繁殖速度快。其成败的关键主要取决于移苗入土成活率的高低。需要在移苗前几天到一周，在室温条件和自然光照条件下，打开培养容器的覆盖物，炼苗数日，入土前要将原有基质洗净，移苗圃要求土壤疏松肥沃，小环境保持相对湿度85%以上，最好采用弥雾或微喷供水，移后立即遮阴，逐渐增加光照，最后过渡到自然光照。

3.2 建园

猕猴桃建园时，除了要根据不同种类、品种对气候、土壤条件的要求，并根据市场需求确定主栽品种和栽培规模外，因其为藤本果树，需要规划支架的设立，且猕猴桃为雌雄异株，还要规划授粉树的配置。

3.2.1 支架的设立

猕猴桃的支架可采用棚架、篱架、“T”形架及小棚架等。猕猴桃的短枝型和结果母枝抽生结果枝节位低的品种如‘魁蜜’等还可使用简易“三脚架”。

不同架式栽植的密度各不相同，一般而言，篱架的密度大于棚架，如猕猴桃平顶棚架为(5.5～6.0)米×(6.0～7.0)米，棚架为4米×(5～6)米，篱架为(2～6)米×(3～5.5)米，“T”形架为(5.5～6.0)米×(4.8～5.0)米。

3.2.2 授粉树的选择与配置

猕猴桃是雌雄异株的果树，没有雄株授粉是不能结果的。建园时必须重视授粉雄株的选择和合理配置，以保证正常的授粉结实。雄株的选择首先要注意与主栽品种（雌性品种）花期相同或略早，并与主栽品种的授粉亲和力高，开花量大，花粉量多，花期长。以往认为：雌雄的搭配比例以8：1较为适宜。但近年来研究结果表明，适当提高雄株比例有利于果实长大，提高果实的品质和风味，雌雄比例可调整到6：1或5：1。雄株按梅花形图案定植（即每一株雄株授粉树四周都有雌株）。雄株开完花后要立即重短截，腾出空间便于扩大雌株的结果面积。每一小区内配置两个或两个以上品种的授粉雄株，授粉效果更佳。不同的雌雄配置比例详见图7。

3.2.3 建园中必须注意的其他问题

猕猴桃是需肥量较大的果树，加之猕猴桃很不耐渍，故在建园之初就应注重土壤改良，丘陵山地建园宜行抽通槽改深土，提高土壤的疏松程度，增加土壤的有机质含量；在平地及山地槽田建园需起垄或筑墩栽植。方法是全园耕翻，然后用表土和有机肥（20立方米，多多益善）混匀后起垄，垄高30～40厘米、垄顶宽约40厘米、垄底宽约1米，将猕猴桃按栽植要求栽在垄上。这样可防止夏季雨水积涝及传播病害。用这种方法栽的树比平栽的当年生长量大一倍，以后树体发育也较好。在涝洼湿地建园则宜挖深沟筑高畦，并设地下通气排灌暗沟，千方百计降低地下水位，改善根际通气状况。因猕猴桃既不耐渍，又很怕旱，在年降水量400毫米及以下地区或雨量较多地区的干旱季节，必须进行灌溉，才能获得高产、优质的产品，故建园必须充分注意排灌系统的建设，灌溉方式以微喷灌或滴灌为最佳。再有猕猴桃对大风特别敏感，建园时一定不能忽略防风林带的设置。常规的猕猴桃栽植可以在秋季落叶后到春季萌芽前进行，定植越早越好，有利于早生新根，缩短缓苗期。定植过迟则树液已开始流动，进入伤流期，对成活率及生长势均有较大的不利影响。但在冬季严寒地区则适于春栽，春栽在土温达到7～10℃时进行，最迟应赶在植株萌芽前。

3.3 园地管理

3.3.1 土壤耕作

园地深翻，与施基肥相结合，扩大根系分布；及时中耕松土保墒，调节土温，改善土壤通气状况。

3.3.2 间作

行间宜种植绿肥或间作矮秆作物。

3.3.3 施肥

应注意满足猕猴桃对养分的需要。果实对磷、钾，尤其是对钾肥的需要很突出。根据土壤肥力和水分条件以及植株生长势、品种、产量和品质要求等因素合理确定施肥量和施肥方法。在这方面利用叶分析方法是较为科学的。基肥一般在秋天或早春施用，以有机肥为主，配合部分矿质肥料。追肥则按物候期进程分期施用；前期以速效氮肥为主，后期以施用磷、钾肥为主，采收后，宜追肥一次，以利植株积累贮藏养分。

3.3.4 灌水

可结合施肥进行，特别是生长前期常因干旱而影响生长，雨季则要注意排水。在丘陵坡地和水源短缺的地方宜发展微喷灌和滴灌或覆草、生草。

3.4 整形修剪

3.4.1 整形

猕猴桃的整形主要根据架式而定。平顶大棚架上应用最广泛的是“X”字形的树形。

3.4.2 修剪

猕猴桃的修剪均可分为冬季（休眠期）修剪和夏季（生长期）修剪。冬季修剪除进行上述的整形外，还应疏除细弱、枯死、过密、交叉、重叠枝以及不拟利用

图8　猕猴桃平顶大棚架整形

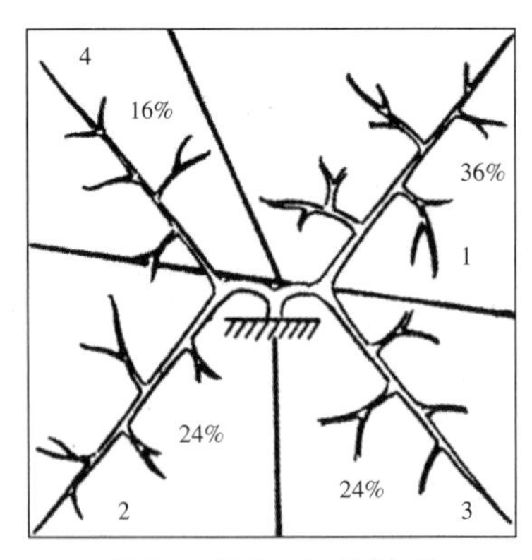

图9 “X”字形树型

的萌蘖，并根据各品种不同的结果习性适度剪截结果母枝和预备枝。

生长期修剪则应进行以下工作。

（1）抹芽除梢：保留合理的新梢和花序数，一般猕猴桃在结果母枝上隔15厘米左右留1个新梢，每平方米架面可留10～15个分布均匀的壮枝。

（2）结果枝摘心：在花前将结果枝嫩尖掐去，对猕猴桃可以提高受精能力，促进果实肥大。

（3）副梢管理：及时对副梢疏除或摘心，以促进坐果和通风透光。在采用水平大棚架和“X”字形整枝的情况下，以保持叶面积指数在1.5～2为最佳。

（4）新梢引缚：将新梢均匀引缚在架面上，生长缓慢期对新梢截顶，以促进枝梢成熟和避免猕猴桃的缠绕生长。

（5）叶果比例：猕猴桃每果需4～7片正常叶，叶果比为（4～7）：1。

3.5 采收

确定猕猴桃适宜采收期，可根据植株花后天数，叶片变黄程度，内源乙烯含量、积温等作参考。但最简便的方法是测定果实可溶性固形物含量。

一般中华猕猴桃可溶性固形物含量达6.2%以上，美味猕猴桃的可溶性固形物含量达6.5%～8%就可以采收了。我国农业部颁布的果实采收标准，为早中熟品种类的可溶性固形物含量必须达到6.2%～6.5%，晚熟品种类可溶性固形物达到7%～8%。新西兰规定可溶性固形物含量要达到6.2%以上才能采收。在法国‘海沃德’果实含可溶性固形物达7%以上可以采收，最迟可溶性固形物含量为10%时采收。

第二章 猕猴桃的主要植物学与生物学特性

引自肖兴国《猕猴桃优质稳产高效栽培》

MIHOUTAO DE ZHUAYAO ZHIWUXUE YU SHENGWUXUE TEXING

1 根及其生长

猕猴桃的根属肉质根，根皮层厚，根皮率40%~57%（中华猕猴桃），多汁，初生时呈白色，以后逐渐转黄变褐色，表面有裂纹，老根灰褐色或黑褐色。

猕猴桃的主根一般不发达，侧根和须根多而密集。主根在出现5~6片叶时便基本停止生长而逐渐被侧根代替。根系中的几条侧根逐渐加粗、延长形成骨干根，由此长出大量的须根，形成发达的细根群，成为主要的吸收根。

猕猴桃的根系在土壤中的分布受土壤类型、质地、土壤水分及养分的影响很大，也受地上部分生长发育的影响。在野生条件下，在山坡，其根系分布在1米以上的土层，而且集中在40厘米左右深的范围内，其水平分布范围超过枝蔓所及的范围。在土层疏松、肥厚和湿润的地方，其根系就大，细根特别稠密。

在新西兰普兰提火山灰积土中，15年生猕猴桃根系鲜重为地上各部分鲜重的总和，新根很多，直径2~5厘米，垂直、水平伸展很广，深达至少4米。在粗质沙性而潮湿的土壤中，根深也至少可达2~4米。然而，在土层较浅，特别是重黏土中，根系分布的深度和广度都受到限制。日本对10年生树的调查表明，在离根颈8米的地方，粗根的深度为15~35厘米，9米以外则为50~70厘米，而且根群的分布范围约为树冠冠径的3倍。意大利和法国的调查也表明，根系分布的深度和广度与土壤条件有关，在较深的土壤，灌溉也影响根的分布。我国野外调查结果也表明，在不同的土壤中，根的分布、生长都不同，一般黏土中根量最少，在腐殖质丰富的土壤中根量最多。

关于猕猴桃根系生长周期的研究较少。一般认为，根系的年生长周期很长。在温带地区分布的种类，其根系活动期较枝梢的发育周期长，而原产在亚热带地区的种类，几乎没有明显的休眠。一般根系的生长有2~3个高峰期，第一次出现在枝梢迅速生长后的一段时期，第二次出现在果实迅速膨大期后的一段时期。高温、干旱的夏季及寒冷的冬天，根系生长缓慢或停止活动。据华中农业大学在武汉对美味猕猴桃‘艾伯特’（‘Abbott’）的观察，土壤温度8℃时，根系开始活动；20.5℃时，根系进入生长高峰期，随后下降；高温达29.5℃时，新根的生长基本停止。至9月份，在果实发育后期，根系开始第二次迅速生长。此后，随着气温的下降，根系生长具有一定的节奏。

猕猴桃的根系在受伤后，再生能力很强，既能发新根，也能产生不定芽，即使是老化了的骨干根也是如此。

另外，猕猴桃根的异形导管十分发

达，根压大，因而对水分、营养的输导能力很强。在树液流动期，对任何器官的损失都会导致很大的伤流，重者整株的叶片会全部萎蔫。

2 枝蔓及其生长

猕猴桃属植物作为木质藤本植物，其幼茎与嫩枝具有蔓性，自身（而不是像葡萄一样以卷须）按逆时针旋转，缠绕支撑物，盘旋向上生长。

成熟猕猴桃植株的骨架由茎（或称主干）、主蔓、侧蔓、结果（着花）母枝、营养枝、结果枝组成。茎（主干）是由实生苗的上胚轴生长发育而成的，或由嫁接苗的接穗主芽抽生发育而成的"永久性"中心干，也是植株地上部分的支撑与发源地。主蔓是由茎（主干）抽生发育而形成的骨架性多年生枝蔓。侧蔓是由主蔓抽生发育而成的1年以上的枝蔓。结果母枝（开花母枝）是由侧蔓抽生发育形成的、具有抽生结果枝（或花枝）的1年生枝。

按照新梢是否开花结果可将其分为营养枝（发育枝）和结果枝（雄株上称为花枝）。能抽生结果枝（或花枝）的1年生枝，通常称为结果母枝（也称发育母枝或开花母枝）。营养枝（发育枝）是由母枝抽出的无花芽的梢及其发育而成的枝条；结果枝（花枝）则是由母枝抽出的具有花芽的新梢及其发育而成的枝条。营养枝又按照其生长势及其长短分为徒长枝和生长枝，前者指生长直立、粗大、节间长、组织不充实、年生长量大、茸毛多而长的枝。这种枝一般长3米左右，有时达10米以上（中华猕猴桃、美味猕猴桃）。生长枝指除了徒长枝以外的营养枝。结果枝又根据其生长势及长短可分为徒长性结果枝（≥100厘米）、长果枝（50~100厘米）、中果枝（30~50厘米）、短果枝（10~30厘米）和超短果枝（＜10厘米）。

实生苗在第一年往往生长较缓慢（从12厘米长到130厘米），随后生长逐渐加快。大多数新梢在春天由上年枝条的叶腋芽萌发而成，也有一小部分来自2年生及其以上的枝蔓，后一类梢一般当年不开花。新梢一般呈黄绿色、绿中带褐或红褐色，初萌发出时被有鲜红色的毛，此后多具锈褐色毛（毛的软硬、长短、疏密、颜色、形状与结构等因种类不同而异）。老熟枝条呈灰褐色或深褐色，茸毛多已脱落，在枝条上留下痕迹并残存多年。

新梢的髓呈绿色、黄绿色或粉白色，多为实心。当新梢半木质化以及成熟后，髓呈片状或仍为实心，依种类而定。一般中华猕猴桃和美味猕猴桃1年生枝的髓呈半透明胶体状，绿白色或褐色片状。新梢自芽萌发出时，生长很慢，但过几天后便加快生长，萌芽后的头三星期内能达到15~20厘米长，此后的生长发育则受植株生长势及新梢在枝蔓上着生位置的影响，一般在枝蔓萌发的2~3个月内，新梢生长最为迅速。如果新梢着生在生长势强的枝蔓的背地面，一年可长7~8厘米，有时甚至达10米以上。然而，在生长势弱的枝蔓的向地面，芽或不能萌发，或抽出的新梢弱细，很难长到1米以上的长度。猕猴桃的枝条生长极性很强，有明显的背地性。一部分新梢（或新枝）像柑橘类植物的新梢一样，在生长一定的时间后，顶端会自行枯萎死亡（枯萎部分有时达10厘米之长）。这一现象常称为"自剪"或"自枯"。按照新梢（或枝条是否具有"自剪"现象可以将其分为"有限生长枝"和"无限生长枝"两类。有限生长枝是指具有"自剪"现象的一类枝。这类枝的长度往往随生长势而定，生长势弱，则"自剪"发生较早，枝条就较短；反之，生长势强，"自剪"发生晚，有时甚至直到枝条正常生长基本停止时才发生，枝条就较长。无限生长枝是指不具有"自剪"现象的一类枝。这枝在整个生长势及其在枝蔓上着生的位置有关，生长势强则长，着生在枝蔓的背地面则更长。这两类枝的比例一方面取决于品种特性，另一方面取决于着生它们的母枝的生长势及其在母枝上的着生位置。例如‘海沃德’品种的有限枝与无限枝之比往往比‘布鲁诺’的高。有限生长枝和无限生长枝都具有形成花芽原基、开花或结果的能力，但不一定都能成为结果母枝。

新梢（或枝条）的年生长量及生长速度除了与种和品种的特性有关外，还取决于土壤温度、降雨等气候因素。例如：在南京地区，中华猕猴桃的年生长期约为170天，有两个生长高峰；第一个在5月下旬至6月下旬，最大的日生长量达到15厘米；第二个在8月至9月，但生长峰很小。然而，在武汉地区，虽然中华猕猴桃的年生长期也约为170天，但有三个生长高峰：第一个从4月中旬至5月上中旬，第二个从7月下旬至8月下旬，第三个在9月上旬，其中第三个为小高峰。在河南郑州，中华猕猴桃的新梢也只有两个生长高峰，第一个在4月上中旬至5月下旬，第二个在7月。

生长旺盛的枝条容易抽发副梢。在武汉地区，一次副梢在自然状态下多在7月中下旬抽发，二次副梢多在8月下旬至9月下旬抽发，而且副梢均有发育成结果母枝的能力。副梢的生长停止较主梢晚。然而，生长中庸的枝条分枝率低，即使摘心，往往在摘心处只萌发一个副梢。

猕猴桃主干或主蔓基部的隐芽（或潜伏芽）容易萌发抽生大量的枝条，而且多数发育成为徒长枝（有时为很充实的徒长枝），代替原来的主蔓生长。这类枝长势过旺，往往会消耗大量的养分。

另外，虽然猕猴桃的枝蔓具有攀缘性（或称蔓性），但不是整个枝条都具有攀缘性。无论是已停止生长的短梢或旺盛生长的发育枝或徒长枝，其生长初期都具有相对的直立性，可能稍后由于营养不良或碰上支撑物，其先端才出现攀缘性。

3 叶及其生长

猕猴桃的叶互生，2/5或2/3叶序。叶片形状、大小、厚薄、颜色、茸毛等因种类、品种而异。中华猕猴桃、美味猕猴桃的叶柄较长，叶片大而较薄，半革质或纸质，叶顶端（尖部）呈渐尖、突尖、近圆、平或凹等，基部则为近圆、浅心脏形或宽楔形。主要叶形有近圆形、卵圆形、扁圆形、阔椭圆形、近矩形和近扇形等。叶形及大小随树龄、生长势、着生枝长势及在枝上的着生位置而多变化。就是说，相同的品种在不同的树体叶形及大小不一致，就是在同一株树的不同年龄阶段（幼年或成龄），或即使在同一年龄阶段因不同的枝以及同一枝上不同着位的叶的形状及其大小都有较大的变化。一般幼茎、徒长枝及旺长发育枝上半部分的叶大而多为阔椭圆形，叶端渐尖或突尖，基部近圆形或心脏形；成年树及结果枝，普通发育枝中部的叶片较大，多为近圆形、卵圆形，而弱短枝及结果枝，普通发育枝基部的叶片较小且为近矩形、近扇形等。

幼叶多呈红褐色，几天后变成黄绿色，表面一般有较长的茸毛，成熟叶上表面（正面）为黄绿色、绿色到深绿色，无毛或偶有散生大量的茸毛；下表面（背面）淡绿色，密生灰白色或灰棕色星状茸毛，叶脉羽状，部分侧脉延伸至叶缘呈刺毛状锯齿。

正如枝梢的生长一样，猕猴桃叶的生长因种类、品种、着生枝类型及在枝上的着生部位而异，同时受外部的温度、湿度及光照等气候因素的影响。在新西兰，‘海沃德’一般春天在芽膨大后15~20天叶便展开，此后的20~30天，叶片生长最为迅速，然后生长减缓，定形后生长停止，一般随着叶片面积的增长，叶形也发生变化，宽度的增长大于长度的增长，叶柄的增长期比叶面积增长期长，在叶片达到成熟面积（定形）时，它仍然继续生长很长一段时间。在高温多湿的武汉地区，中华猕猴桃品种‘武植2号’的叶片从展叶到基本定形大约需32天，而且展叶以后的10~20天为迅速生长期，此期叶面积已达总面积的91.5%。

对于某一品种来说，叶面积的大小取决于叶片在其迅速生长期间生长速率的大小，生长速率大则叶面积大，生长速率小则叶面积小。叶片的这种生长趋势，在不同的种类及品种间是相似的。

猕猴桃芽鳞及枝梢基部的过渡叶的生长很有限，一般在萌芽后几天便脱落，而其他的叶，虽然在定形后不再生长，但是往往到秋天经初霜后才脱落。如在秋冬异常温暖的年份，叶片的脱落仍可延迟，有时甚至可以残存到下年的春天。

猕猴桃的叶片自完全展开开始到衰老前为止都具有进行光合作用的能力，但以定形叶片的效率最高。光合作用是植物利用二氧化碳和水分，在光的作用下在叶绿体内形成碳水化合物的过程。这一过程决定猕猴桃的生物产量及经济产量（果实产量）。影响光合作用的效率的因素很多，直接因素是功能叶片数量、叶片面积、光照、温度和营养。

4 芽及其生长发育

芽是枝、叶、花及子代芽的母体。在一般情况下，猕猴桃的芽按其来源可分为隐芽、不定芽和正常芽。隐芽一般指在主干或主蔓上的潜伏芽，不定芽多指主、侧根受刺激或受伤后产生的芽；正常芽指通常意义上的芽，即明显可见的芽（如未特别指明，下面所述的芽指“正常芽”）。

猕猴桃的芽属腋芽，着生在叶腋间的海绵状芽座中。芽一般由芽轴、3~4层具毛或不具毛的鳞片、2~3片过渡叶、15个叶原体和一些基部子代腋芽原基组成。猕猴桃的一个叶腋间通常有1~3个芽，中间的芽较大，称为主芽，两侧的芽较小，称为副芽，主芽萌发成为新梢，而副芽在正常状态下不易萌发，多呈潜伏状态变成潜伏芽。当主芽受伤或枝条重截后，副芽才萌发。有时主、副芽同时萌发。下年将萌发抽生枝梢的芽在当年生枝梢刚出现时就开始形成。

从枝梢基部向上数最后一序花临近的叶腋，开始孕育芽原基。叶原基大约每4天形成一个，呈螺旋排列。因而，在开花之时，枝梢第一营养节的芽已含有大概13个叶原基，位于梢后部分的芽的发育进程要慢一些。中华猕猴桃、美味猕猴桃的芽一般在仲夏就大体完成了发育。进入冬季休眠时，这些芽则含有3~4片鳞片、2~3片过渡叶、15个叶原基（其外侧密被茸毛）和一些基部腋芽点。当然，枝梢中上部的芽所含的鳞片数、过渡叶片数、叶原基数和基部腋芽点数则逐渐减少。这也往往是估计芽内叶原基数目不一的原因之一。

当芽长到约有10个叶原体时，即越冬芽萌发后约40天，其最外层3~4个芽腋开始分化基芽。当芽在秋冬进入休眠时，最大的基本可以含有多达10个的叶原基。叶原基的外侧密被茸毛，基芽在来年春季仍继续发育，甚至在叶腋形成分生点。然而，基芽在正常情况下不萌发成枝梢，除非芽的主生长点受伤或被除去的情况下，它才萌发成枝。

在冬季，猕猴桃的芽一般受到良好的保护，因为它坐落在叶柄痕显著膨大的呈海绵状的芽座中，尤其是抗寒性强的种类。中华猕猴桃的芽比美味猕猴桃的大，而且芽被包裹的程度低，即暴露的部分多。

猕猴桃的主芽按其是否含有花原基分为叶芽和混合芽。叶芽多数瘦小，只抽枝长叶，而不开花结果；混合芽肥大饱满，既抽枝长叶，又开花结果。但两者没有绝然的界线。一个芽未能产生花也可能是因为“胚胎启动”的失败或此后花芽分化的不成功所致。一般来说，在成年树上，绝大多数1年生枝蔓上的芽都具有形成花枝的能力，但一个芽是否能实现抽生花枝，则部分取决于其相对其他芽的萌发时期（或时间）的早晚。

猕猴桃花芽（花序芽）的分化有两个明显区别的阶段。第一阶段，为花芽“生理分化”阶段，腋芽内的分生组织变为生殖生长状态；第二阶段，为花芽“形态分化”阶段，芽内呈生殖生长状态的分生组织产生花器。新西兰用‘海沃德’摘叶试验表明，花芽生理分化阶段始于仲夏（7月中下旬），结束于夏末（9月上中旬）。

Brundell（1976年）发现，‘海沃德’‘蒙蒂’和雄性品种的花芽生理分化到夏末在大多数芽内已经完成。与其他许多果树不同，猕猴桃芽此期的这些分生组织还未发生形态变化，形态分化一直到刚要萌芽时才发生。

影响花芽生理分化的因素很多，主要是8~11月份的环境因素及枝蔓的生理状态。从植体本身的因素来说，影响花芽生理分化的首要因素是叶面积。因风、水分亏缺及病虫等所致的叶的脱落或部分脱落将减弱或降低由叶产生的生理分化刺激，从而减少诱导分化的腋芽数。第二个因素是叶片遮阴。Davison（1977年）试验表明，在花芽生理分化期，遮阴枝蔓（50%的光损失）的腋芽在翌年产生的花数只有不遮阴的一半。第三个因素是结果负载量。当年结果过多（大年）将减少来年的花数。人们到现在还不清楚这种影响是直接还是间接的。在生理分化期间，补施氮肥对来年春天的花量没有影响，但在7月底至8月份对枝蔓环剥却能稳定地提高来年春天的花量及结果量。这表明，根对代谢物质的竞争是影响芽生理分化的一个主要因素。

花芽的形态分化在春季进行并完成。新西兰研究表明，美味猕猴桃早春生殖分生组织的体积迅速增大，一般雄性品种早于雌性品种，以后雌雄花的发育顺序基本相同，直到萌芽时才又出现差别。

膨大的生殖分化组织，按向上顺序（先外后内）产生突起。首先是最外边的突起，它们将分化为苞片和侧花，然后产生花萼原基，它们将发育成为花萼；随后在花萼内侧基部产生花瓣原基，它们将发育成花瓣，大约在花瓣分化的同时，轮状排列的雄蕊原基在分生组织表面形成，雄性品种为三轮，雌性品种为两轮。此后，雌、雄性都沿圆盖形分生组织的边缘产生一轮柱头原始体。

‘海沃德’品种的柱头原始体继续扩张，形成一个顶上具有花柱与柱头的上位子房。萌芽后45天左右，在体内出现胚珠。到此时，雄性原基也已扩增并且分化成花药和花丝。雄花的柱头不能发育成子房，而雄性原基的发育同“海沃德”，大约在开花前20天，花粉在花药内形成。

我国的科研工作者对美味猕猴桃和中华猕猴桃的花芽分化也作过研究；花芽分化的时期因气候条件的影响而在各地不尽相同，温暖地区分化较早；花器的分化按照向心的顺序，先外后内依次分化，属顺序型分化；同一种群中雄性花的分化比雌性稍早；雌、雄花的形态分化相似，但在雌蕊群分化以后差异较大；顶生花和侧生花的形态分化顺序一致，但顶花出现较早。

综合我国学者的研究结果，美味猕猴桃、中华猕猴桃花芽分化可粗分为以下几个时期：

（1）未见形态分化期（或生理分化期）：芽内第5~12节腋芽原基分生组织已接受成花刺激（或诱导），并由营养生长转为生殖生长，但仍未见形态分化。

（2）花序原基分化期：约在2月下旬到3月上旬，腋芽原基的分生组织突然膨大、伸长，顶端由圆变得较平，这个变化的突起即为花序原基。

（3）花原基分化期：约在3月上中旬，随着花序原基的伸长，形成明显的花序轴。顶端的半球状突起分化为顶花原基，其下部分两侧出现的隆起发育为苞片。在苞片腋部出现侧花的花原基突起。

（4）花萼原基分化期：约在3月中下旬，与侧花原基形成的同时，顶花原基分生组织增大，呈半球形，其侧面轮状排列5~7个突起物，每一突起发育成一枚萼片。随着萼片的发育，在其背面形成大量的多细胞柔毛。

（5）花瓣原基分化期：约在3月下旬的混合芽露绿时，在轮状排列的萼片原基内侧出现与之“互生的”一轮（6~9个）花瓣原基突起。此时，花芽已由半透明变为淡绿色，密被棕红色茸毛。

（6）雄蕊原基分化期：约在3月下旬，但比花瓣分化期要晚几天。在花瓣原始体的内侧，迅速从外向内出现3轮（雌花2轮）短小的突起物，每一突起为一个雄蕊原基。此时，膨大的混合芽已能明显见到尚未展开的幼叶。

（7）雌蕊原基分化期：约在3月底到4月初，雄蕊原基的内侧周围分化出许多小突起。每个突起发育成为一枚心皮原基。此后10~15天，雌花中的雄蕊原基迅速发育，中间凹陷形成中空的花瓶状花柱体。花柱体的下部形成一个膨大的子房，由数十枚呈放射状排列的心皮合成。瓶状花柱体的颈部呈放射状排列花柱和柱头，它们明显高于雄蕊。花柱及子房壁密被纤细茸毛。在雄花中，也分化雌蕊原基，但花柱及柱头发育不良，簇生白色茸毛，子房室内无胚珠，而雄蕊却很发达，花丝几乎遮盖雌蕊。

（8）花粉母细胞减数分裂及花粉粒形成期：开花前约20天（约在4月上中旬），雄蕊花药中的花粉母细胞开始减数分裂，随后形成花粉粒。花粉粒的成熟需15天左右。成熟的花粉粒具有三条槽，上有萌发孔。

中华猕猴桃和美味猕猴桃的雌雄花为潜在的二歧聚伞花序，包括顶花和第一、第二级侧花。当生殖性分生组织在萌芽前膨大时，其基部突起发育成侧花。侧花的发育与顶花相似，但发育进程更快。雄性品种的花序含有一朵顶花和两朵侧花，然而对雌性品种‘海沃德’来说，第一、第二级侧花通常在其花瓣形成初始就已停止发育，但也有例外。

每个芽都有潜在的8个生殖性分生组织，一些雄性品种可以产生8个花序。然而，在绝大多数雌性品种中，能形成充分发育完全花的分生组织，不到60%。根据新西兰在美味猕猴桃上的研究，在近第5节叶芽的一些顶端分生组织，在花瓣分化的发端就已停止发育。再者，一些更高节位的生殖性分生组织虽然进行正常的形态分化，但在更晚一些时期败育。因此，在花枝第5~12节的一些叶腋在开花时没有花。

花芽败育的原因还未完全弄清，冬天冷量不足可能是原因之一。新西兰用‘海沃德’试验表明，正常的功能花只有在腋芽接受有限的冬季冷量并再补充50天以上的4℃人工冷量才能产生；在经过正常冬天（秋末至冬初）后再补充10天4℃条件时，‘海沃德’的功能花量最大。在雄性品种中也能得到类似的结果。延长冷量供给也促成了功能侧花的发育，不论雌雄品种。然而，在正常冷量条件供给期人为地加热休眠的枝蔓能逆转冬季冷量对减少花芽败育所产生的有效作用，在萌芽期剧烈的温度变化能增加花芽的败育。腋芽与花枝争养分也与花芽败育有关。如萌芽后将花枝的叶片不断地摘掉，可以降低花芽败育率。Brundell认为，展开的幼叶可能从发育的花芽分走代谢物，从而加重了花芽的败育。

另外，第4、第5节叶腋的一些生殖分生组织容易产生畸形花。其主要原因可能是在顶花发育期间，由于生长挫折从而导致顶花与侧花的“融合”。虽然这种畸形花也能坐果和产生“扇形果”，但这类果实没有商品价值。例如在‘金魁’上常有此类现象发生。

鉴于美味猕猴桃、中华猕猴桃花芽分化的特殊性（即生理分化完成后不立即进行形态分化，直到刚萌芽时才开始形态分化），在春季萌芽前后采取合理的栽培措施就更显得非常必要。

5 花、开花及授粉受精

5.1 花

俗话说，“春华（花）秋实”。可见，对于显花（可见花）植物来说，没有花就没有果。

中华猕猴桃、美味猕猴桃的花初开时呈白色，后渐变成淡黄色至橙黄色。花大美观而具有芳香。花属于形态学上的完全花，即具有花柄、萼片、花瓣、雄蕊和雌蕊。

萼片呈绿色至褐色，尖卵形，3~7枚（常6枚），呈覆瓦状排列，基部合生，密被茸毛，宿存（果实成熟仍留在果实上）。花瓣乳白色，5~7枚（常6枚），基部散生，也呈覆瓦状排列，倒长卵形，边缘微卷，呈波浪皱纹，无毛。雄蕊数量很多（126~200根），花丝较长（8~14毫米），呈轮状排列（在雌花中两轮，在雄花中三轮），花药较大（2~4毫米长）。雌蕊的子房上位，其大小依雌雄花变化很大，呈扁球形或圆球形，被白色茸毛；花柱的长度为8~9毫米；花柱多枚（21~41枚），呈放射状，向外弯，在授粉后萎蔫，但仍残存在果实上。花柄长（5~40毫米），被有茸毛。

由此可见，猕猴桃雌雄花的形态与结构有明显的区别。但它们都属于二歧聚伞花序，只不过是侧花发育的程度不同而已。

中华猕猴桃、美味猕猴桃的雄花产生一种特殊的很浓的香味，而雌花仅有清淡带甜的香味。在解剖上，并没有找到蜜腺细胞或者组织。

5.2 开花

一株树的花数因品种、树龄、果园管理水平与措施以及环境条件而异，雌雄树也不一样。对于成熟的雌株来说，如9年生‘海沃德’品种，平均一株树可开3 000多朵花，而一般雄株的花量更大，一般3 700~8 000朵。仅就品种来说，不同的雌性品种的花量差异很大，如‘蒙蒂’的花量大于‘布鲁诺’‘阿伯特’和‘阿里森’，而这些品种的花量都远大于‘海沃德’。美味猕猴桃的‘金魁’品种的花量很大，远大于‘海沃德’。萌芽率的高低也影响花量，如‘海沃德’的萌芽率较低，花枝也相对少，因而单株总花量也少。侧花的多少也影响单株的总花量，如‘蒙蒂’的侧花多，多数花序开三朵花，因而其单株花量就大。就雄株而言，每个花枝上的花序数较雌株多，而且一般多具三朵花的花序。若根据单花枝的花数分级，则雌性品种‘海沃德’为4，‘布鲁诺’为7，‘蒙蒂’为14，而雄性品种‘Matua’为19。

开花的时间及花期的长短也因品种、雌雄性别、管理水平和环境条件而异。

一般来说，中华猕猴桃比美味猕猴桃开花早7~10天，雄株比雌株开花早。就一株树而言，向阳部分花先开，下部的花先开；就一个枝而言，一般中部的花先开，也有先上后下或先下后上的；在一个花序上，都是顶花先开，侧花后开，全树的侧花开放时间基本一致。

同一品种同一株树的开花持续时间因年、因果园而有所变化，但一般来说，雌性品种，如‘海沃德’可以持续10~18

图10 猕猴桃盛花期

天，雄性品种比雌性品种再延长3~5天。

就每朵花的开放过程而言，一般分为绽蕾、开放和谢花阶段。绽蕾指花蕾开裂到露红（粉红），中华猕猴桃和美味猕猴桃的雌花约35天，雄花30天左右。开放指露瓣至花瓣完全展开、雌雄蕊完全显露。这一阶段可分为初花和盛花两步，初花指全树约5%左右的花蕾开放，盛花指全树60%以上的花蕾开放。谢花指全树约75%的花冠萎缩、花瓣脱落。

花朵开放持续时间的长短受品种、果园管理水平，特别是开花时的气候条件的影响。如果开花时阴雨连绵而又寒冷，则开花持续较长；反之，在开花期内天晴，干燥风大，气温高，花的寿命短。一般而言，雌花可持续2~6天，雄花3~6天。

猕猴桃种群之间的花期相差很大，如中越猕猴桃等，3月下旬至4月开花，毛蕊猕猴桃则5月下旬到7月上旬开花。大多数种类，如金花猕猴桃、城口猕猴桃、中华猕猴桃和美味猕猴桃等，大多在4月下旬至5月上旬（我国中部）或5~6月份开花（中北部）。

猕猴桃自种子发芽（实生苗）到具有开花能力（性成熟）所需的时间（即童期）因种类而异，一般需4~6年；随着栽培措施的加强和技术的提高，童期可以大为缩短。

值得强调的是，在同一个猕猴桃种内，不同品种或株系花期的差异是很大的，尤其是雌雄花达到盛花的时间。例如，美味猕猴桃雄株“陶木里”的盛花期往往在雌性品种‘海沃德’盛花期之后。雌雄盛花期是否相遇对坐果、果实的产量和质量有至关重要的影响。

虽然一朵花开放可持续2~6天（多数3~4天），但雌花的花柱和柱头的老化萎蔫可以延缓4~5天。就是说，在开花后8天左右，柱头仍有接受花粉从而受精的能力。明确这一点，对人工授粉具有重要的意义。

虽然猕猴桃为雌雄异株，但在果园生产实践中也观察到一些雄株的少数枝蔓可以结果，即所谓“雌雄同株”。一般来说，这类“雌雄同株”的枝蔓常常由不定芽突变而来，这些枝蔓上的花在形态上与其他枝的花没有差异，而只是这些枝蔓上有少数具有异性功能的柱头（雄性品种）或花药（雌性品种）。这类果实较小，在美味猕猴桃中大约只有40g左右，而且果形较尖。虽然到目前为止还没有选育出具有商品价值的品种，但“雌雄同株”对于猕猴桃生产将具有重要的意义，因此各国正加强研究。

5.3 授粉受精

授粉受精涉及雌雄两性别的花。据研究，雄性品种（如‘Matua’）的花芽含有约9.5毫克的花粉。花粉在花瓣刚开始展开时就开始散落；到花瓣完全展开时，大半花粉就已经散落完毕。一般来说，散粉由少至多，花开后持续1~2天。一般早中熟品种的每朵花含2~3百万粒花粉，而晚期品种仅为其半。管理良好的果园比管理粗放的果园产生的花粉多。

花粉的生活力因果园管理而异。一般而言，早熟美味猕猴桃雄性品种（品系）的花粉80%以上具有活力；而中晚熟的则仅为65%~75%。早熟中华猕猴桃顶花花粉的萌发率为65%~75%，而侧生花的约为42%。当然，这是实验室数据。在果园，具有活力的花粉的比例要低得多。在一个管理粗放，特别是遮阴与缺肥的果园，多数花粉即使萌发也会产生畸形花粉管，不能使雌花正常受精。

顺便说一句，雌性品种的花粉散落也如雄性品种一样，只是花粉没有活力而已。

授粉受精仅依靠雄花还不够，还必须有功能健全的雌花。

一般雌花含有1 400~1 500个胚珠，每个心皮含有约40个胚珠。在理想的条件和80%花粉具有活力的情况下，一朵雌花需要1 750~1 850粒花粉才能完全受精。在田间，实际上需要更大的花粉量。花粉量较高的雄株不一定能使雌花受精产生更多的种子，因而，选择和配置花粉量大而致孕率高的雄株是猕猴桃生产的重要任务之一。新西兰已选出新的较好的美味猕猴桃雄性株系有‘M51’‘M54’（在‘海沃德’之前开花）和‘M52’‘M56’（几乎与‘海沃德’同时开花）等。我国也选出一批雄性品种或株系，如‘3-8’‘郑雄一号’‘磨山4号’‘M3’等。

良好的授粉受精，除了雌雄植株本身外，还需依赖外界环境条件，特别是温度。美味猕猴桃一般花粉在柱头上的萌发的温度以14~26℃为宜，而花粉管的生长则需14℃以上的温度。在昼夜温度为24℃和8℃的条件下，花粉发芽和多数花粉管在授粉的7小时之内进入花柱，31小时后达到花柱的基部，约40小时进入胚珠，但有一些需要74小时。因此，提高花期果园的温度（尤其是高海拔地区）有利于花粉管的伸长和胚珠的受精。中华猕猴桃的花粉在授粉后1~2小时开始萌发，30~72小时多数花粉管可以进入胚珠。

值得注意的是，猕猴桃与其他果树不同，虽然大量的花粉是授粉受精的必要条件，但同一朵花用干花粉在一天或几天内重复人工授粉却导致单果种子量的显著减少，产生小果。人们至今还未弄清其原因。因此，采取有效的栽培管理措施，保障一次授粉成功是猕猴桃园高产、优质的重要因素之一。

6 果、坐果及果实的生长发育

6.1 果

猕猴桃的果实为浆果，其形状、大小、皮色、果毛等依种类和品种差异极大。就最具有商品价值的美味猕猴桃和中华猕猴桃而言，最基本的果形为长卵形，纵径（长）55~70毫米，横径（宽）40~50毫米。此外，还有近球形、卵圆形、长圆形等。果实黄绿色、褐色、棕褐色；密被硬毛（美味猕猴桃）或软毛（中华猕猴桃）；果肉以黄色、淡黄绿色为主，也有黄白色、翠绿色和放射状红色等。

对猕猴桃果实成分的研究比较多，但所得数据差异较大。究其原因，可能用于测定的果实的成熟度等生理状态有差异，所测定的果实组织不同或测定方法不同。目前，人们趋向于测定最具有商品价值的品种，如‘海沃德’等。在此列出至目前为止可利用的数据，见附录3。

6.2 坐果

从理论上讲，雌性枝蔓上的每一朵花都具有接受花粉受精从而坐果的能力。实际上，由于种种原因，只有大部分的花能在接受花粉后受精，而且受精者也只有大部分能坐果。不过，与其他落叶类果树相比，猕猴桃的坐果率在授粉正常时还是很高的。在管理正常的果园，约90%的雌花能坐果并发育成果实。就是说，在其他落叶果树（如苹果）上所常见的部分落果现象在猕猴桃很少见，也就是说，猕猴桃没有明显的生理落果阶段。在猕猴桃也很少见到单性结果的现象，但如果多次使用萘乙酸（NAA）、赤霉素（GA_3）和苄基腺嘌呤（BA）混合剂或吲哚乙酸与玉米素的混合剂能诱导产生无籽的果实（有时单果重可达60克左右）。但在花后115天之内如果不连续喷药，无籽果会脱落。

果实一般着生在结果枝基部的5~12节位，但以第7~9节为主（注意，有些人误认为在第2~6节位着生果实，这可能是忽略了枝基部的芽鳞节位）。一个结果枝可以着生1~5个果实，以2~4个果为最常见，但这也依赖于品种特性。中华猕猴桃着生2~4个果的果枝占全果枝的70%~100%，也有的株系着生5个果的果枝占60%；美味猕猴桃60%~70%的果枝只着生2~4个果，也有的株系有10%左右的果枝着生6个果以上。

6.3 果实的生长发育

中华猕猴桃和美味猕猴桃的果实自开始发育（谢花）到成熟约需140~180天，依据品种和环境条件而定。虽然对果实生长发育的研究不少，但还没有形成统一的意见。新西兰部分学者以美味猕猴桃品种‘布鲁诺’为材料，根据对果实容积的测定，将果实的生长分为5个时期，即初期快速生长期（0~9周）、缓慢生长期（9~12周）、快速

图11 猕猴桃坐果状

生长期（12~17周）、微生长期（17~21周）和后生长期（21~23周）。虽这一分期法得到一些人的支持，但大多数人认为过分复杂。我国学者根据自己的研究，将果实的生长发育过程分为3或4个时期。

3个时期的具体分期为：迅速膨大期（5月上中旬至6月中旬，河南、陕西地区，下同）、缓慢增长期（6月下旬至8月上中旬）和发育后期（8月中旬至10月上中旬）。四个时期的具体分期是：迅速生长期（5月上旬至6月下旬，长沙、武汉地区）、缓慢生长期（6月中旬至7月下旬）、停止生长期（8月上旬至8月下旬）、后缓慢生长期（9月上旬至9月下旬或10月上旬）。肖兴国根据在国内（郑州地区）和法国西南部的观察，综合上述的分期观点，认为将中华猕猴桃和美味猕猴桃的果实生长发育分为3个时期比较方便，基本适合观察数据。这3个时期为：

（1）迅速生长期：从5月上中旬至6月中旬，约45~50天。此期果实的体积和鲜重达到总生长量的70%~80%；种子白色。

（2）缓慢生长期：从6月中下旬至8月上中旬，约50天。此期果实体积的增长放慢乃至停止生长；种子由白变褐。

（3）平缓生长期：从8月中下旬至10月上中旬，乃至更后，约55天。此期果实体积增长平缓，持续到果实达到最低采收成熟后仍在增长；种子由褐变深褐或黑色。

值得强调的是，不管将果实的生长发育怎样分级，有两点是肯定的：第一，在谢花后的10周以内，果实的生长十分迅速，体积和重量至少可以达到总生长量的2/3以上；第二，果实的生长（特别是体积的增加）一直延续到“正常”采果时。因此，花后加强肥水管理及适当晚采果是获得大果的重要措施。

当果实接近成熟时，树体枝蔓及果实自身的外部形态没有明显变化。例如：‘海沃德’的果实，花后为近圆形，但在果实生长发育第一阶段的初期，就已变成其特有的长卵圆形，而且这一形状一直保持到成熟。不仅果形如此，果实表面的颜色、质地、残存的花器部分以及果柄都是如此。就是果肉的形态与结构也只有微小的改变：果肉颜色只有微小的变化，中柱轴心仍然保持白色，果皮仍保持其固有的绿色，种子直到它们达到其最终体积前仍呈白色，花后约10周才能达到其最终体积。此后，种子变硬，颜色开始加深，逐渐由淡褐色变成深褐色，到果实接近成熟时变成黑色。

猕猴桃果实组织在果实生长发育的前中期是十分坚硬的，在果实发育的最后时期，果肉的硬度有些降低，直到软化，进入食用成熟阶段。

果实在生长发育过程中，不仅其内外部形态组织、结构、质地发生了一些变化，而且其组织内的化学成分和浓度等也发生了变化。在这类化学变化中，碳水化合物的变化最明显，特别是淀粉和糖的变化。例如，在花后的16周（即果实生长发育的早期阶段），单糖类的浓度有所下降，但淀粉含量在接近第16周时约占全部干物质的50%。此后，在花后的17~20周，果实内部发生明显的生理变化，导致淀粉含量的显著降低与糖类浓度的明显提高。然而，果肉糖浓度的提高不仅仅是淀粉转化的结果，因为由淀粉转化成的糖在花后的23周以后仍只占果实糖量的一半，另一半由枝蔓转来。反过来说，如果落叶开始而果实仍然保持在枝蔓上的话，果实内部的糖含量将逐渐降低，被呼吸等代谢消耗。

除了淀粉和糖类的变化之外，在果实的生长发育过程中，其他一些成分也发生一些变化，只不过是变化的幅度大小不同而已。无机盐的浓度在果实发育的初期有所下降，然后保持为一个常量。有机酸类（以可滴定酸为指标）的含量自谢花后的0.4%稳定上升到19周的1.9%，然后基本保持不变，一直到果实采收。但是单一有机酸的变化有别，如柠檬酸和苹果酸上升到最大值后再逐渐下降，而同期的奎宁酸和酒石酸则或逐渐下降，或基本不变。值得注意的是，柠檬酸浓度的最高峰正好与淀粉累积浓度的最高值相吻合。

有关维生素C（抗坏血酸）的浓度随果实生长发育所产生的变化还不很清楚，但有一点大家的观点比较一致，那就是在盛花后的10周后的一个短时间内，果实的维生素C含量急剧增加，稍后略有降低，再保持在一个相当稳定的水平。

猕猴桃果实的呼吸模式与其他水果相似，在其生长的早期阶段，取样果在取样后很短时间内呼吸率很高，然后下降到相当稳定的“基础呼吸率”，但在果实生长的以后阶段，样果在取样后的呼吸率比在初期阶段要低一些，几乎与“基础呼吸率”相同。

果实采收时的成熟阶段不仅影响果实耐长期贮藏的能力，而且影响到果实的食用品质。如果采收太早，果实绝对达不到其固有的风味和香味；如果采收过晚，则果实不耐贮藏。

所有的果实在生长期间都依靠其着生的枝蔓提供水分和营养。然而，在果实生长发育的某一特殊阶段，每个果都可以离开其母体枝蔓而继续发育，直到完全表现出其固有的风味。这一发育阶段就是所谓的“生理成熟”。在生理成熟前采收的果实，即使能继续发育，也终究达不到或表现不出固有的风味和香味，体现不出其应有的食用品质。无论是在树上还是采后，果实在生理成熟之后的发育，都是必要的，因为这样能使果实表现出最佳食用品质。果实的这段发育时期或过程，称之为“透熟”或“熟透”。在“熟透”之后，果实的进一步发育将导致食用品质的下降乃至大幅度下降，就是所谓的“衰老”。

同一株树上果实的成熟时间是不相同的，有些在花后20周就已熟透，有些在此后6个月仍能挂在树上。猕猴桃果实的这种性质使采收期的确定十分困难。幸运的是，达到“生理成熟”的果实，在采收后能继续发育，逐渐熟透。果实采后立即冷藏能减慢“熟透”的速度，这就是果实长期贮藏乃至运输的生理基础。

果树生产者总是想尽可能地早采果实，以占领市场，并避免早霜的危害。但是，千万注意，在生理成熟前采收的果实，既不耐贮藏，又不能完全成熟。因为在贮藏期间，未成熟果的果肉比达到生理成熟果实的果肉软化更快，易出现“水浸斑”，其果心仍然硬而不松。未成熟的果实在贮藏期间及出库后，不仅不能表现其特有的风味和品质，反而常常带有一种苦涩和令人不快的味道。未成熟的果实采后在室温下也难以继续发育，产生其应有的风味，而且往往失水萎缩或变成海绵状，因此，适时采收十分重要。

第三章 猕猴桃病虫防治

MIHOUTAO BINGCHONG FANGZHI

1 防治猕猴桃病虫害的理念

防治理念是防治病虫害的指导思想，我们防治病虫害的目的非常明确，就是不让病虫害对我们的优质、安全食品造成影响。要想达到这个目的，首先要选择简单、经济（节约成本）的措施；其次，采取的措施必须及时、准确。

1.1 综合防治的理念

综合防治理念，就是“预防为主、综合防治”，可用图12中的3道防线表示。

第1道防线，是不让某些病虫害进入本地区。也就是说，某一个地区现在没有某种病虫害，应该采取措施不要让这种病虫害传播到这个地区。例如，猕猴桃细菌性溃疡病、猕猴桃花腐病等，有些是我国没有、有些是在某些地区没有，我们要采取措施不让它们传播过来。植物检疫、种植脱毒苗木、苗木消毒等，都属于第1道防线。第1道防线非常重要，因为如果没有病害和虫害，就不需要防治病虫害了。我们在红岩寺见到过，一片金桃猕猴桃，二十多年了，基本上没有发现溃疡病、花腐病等病害，所以不用施用杀菌剂。

第2道防线，是本地已经有的病虫害，要尽量减少病原和虫源的基数，降低菌势和虫量。病原和虫源数量很少时，病虫害只能零星见到，对生产没有实质性影响。清理果园和在发病前或病虫害的防治关键期施用药剂，是第2道防线的最为重要的内容。适时科学地施用农药、切实抓好栽培技术环节等，都属于第2道防线。在生产中，最实用、工作量最大、防治效果最理想、最有意义的防治工作是第2道防线的防治。预防是这道防线的最根本的观念。不进行预防，或预防措施不够或有误，是目前绿色食品猕猴桃生产中最大的问题。如果让病虫害突破这道防线，就会引起大量施用农药，或者胡乱施用农药，不但有碍绿色食品生产，也威胁食品安全，预防猕猴桃病虫害，最经济有效的措施是秋冬季做好清园消毒工作。

第3道防线，是减少和降低病虫害暴

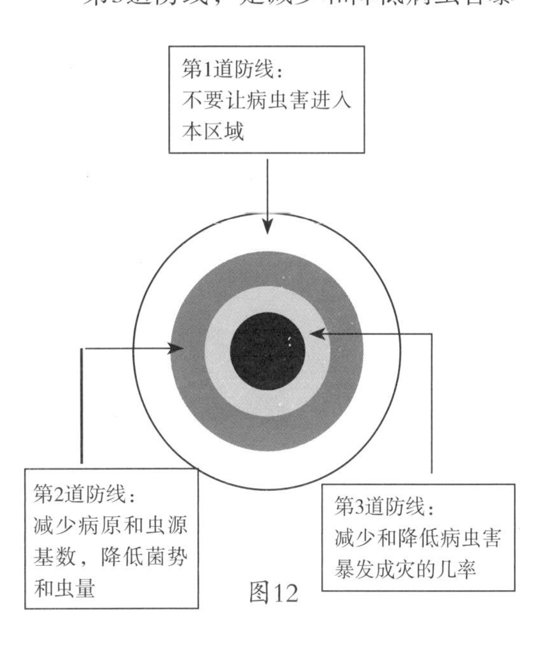

图12

发成灾的几率。也就是说，病虫害已经严重发生，或已经普遍发生且将要大发生，必须采取措施，不能让病虫害成灾，否则定会造成巨大损失，甚至毁园挖树。第3道防线最为重要的措施，是病虫害的科学防治，要较大量施用农药。对于病害，保护性杀菌剂和内吸治疗性杀菌剂的结合或配合施用，是第3道防线中科学、有效的措施。

从成本考虑，第1道防线成本最低，第2道防线比较合算，第3道防线是不得已的办法，成本最高。

从食品安全角度考虑，第1道防线和第2道防线易于生产绿色食品。如果病虫害进入第3道防线，施用农药一定要谨慎，否则会造成农药残留超标，威胁食品安全。

所以，第1道防线是病虫害防治的基础；第2道防线是病虫害防治的根本，是我们防治病虫害必须坚守的区域；第3道防线，是本不应让病虫害进入的区域。如果病虫害已进入第3道防线，说明前期防治措施的失误或失败，必须尽快采取挽救性措施。

总之，从图中我们会理解到“预防为主，综合防治”的精髓：第一，预防比防治更重要；第二，应该在防治病虫害关键点采取措施，而不是等到病虫害发生后再采取措施，要“该出手时就出手”。

1.2 安全食品的理念

1.2.1 无公害食品及绿色食品的产生和发展

20世纪初，以机械化、品种的优良化、大量化学物质的应用为代表的现代农业的形成和发展，使人类得到了比较丰富的农产品，也让人类付出了代价。这种代价在50年代和60年代初开始显露。1963年美国海洋学家Rechel Carson（卡尔森）女士的《寂静的春天》，在世界引起了轰动，也成为人类认识、研究解决现代农业副作用的起点。

60年代到70年代，现代农业和现代经济给环境和资源造成的压力和破坏进一步显露出来。科技界和政府都开始重视这个问题。在世界各地出现了各种各样的替代农业，如生态农业、生物农业、有机农业、自然农业、再生农业、低投入农业、综合农业等，试图解决现代农业出现的问题。

1987年的世界环境和发展委员会提出了“可持续发展”的概念，并研究了有关“可持续农业的全球策略”。1988年及之后，联合国粮农组织制定了有关政策文件。1992年，在巴西召开的世界环境发展大会上，可持续发展农业的地位得到进一步确认。

在国内，由于改革开放政策的实施，80年代末人民生活水平已大大提高，公众对环境保护和食品安全开始关注。1988年世界环境发展大会后，我国政府对环境保护和可持续发展的承诺，在制度和程序上也在逐步完善和实施。我国的绿色食品和无公害食品的概念及有关标准，就是在这种国际国内环境下，于1990年开始提出，并逐渐形成的。

1.2.2 基本概念

1.2.2.1 可持续农业

以管理和保护自然资源为基础，调整技术和体制变化的方向，以确保获得和持续满足当代和后代人的需要。这种持续发展能够保护土地、水、植物和动物资源，不造成环境退化，同时要在技术上适宜、经济上可行、能被社会普遍接受。

1.2.2.2 绿色食品

绿色食品：系指遵守可持续发展原则，按照特定生产方式，经专门机构认定，许可使用绿色食品标志的，无污染的安全、优质、营养类食品。

AA级绿色食品：系指生产地的环境

能促进钾离子（K^+）、铷离子（Rb^+）及溴离子（Br^-）的吸收，根里面的钙离子（Ca^{2+}）并不影响钾的吸收。

但维茨效应是有限度的，高浓度的钙离子（Ca^{2+}）反而要减少植物对其他离子的吸收。

通常，大部分营养元素在适量浓度的情况下，对其他元素有促进吸收作用；

促进作用通常是双向的；

阴离子与阴离子之间也有促进作用，一般多价的促进一价的吸收。

4.2.2.2 大量元素的促进作用（表10）

4.2.2.3 中微量元素的促进作用（表11）

镁和磷具有很强的双向互助依存吸收作用，可使植物生长旺盛，雌花增多，并有助于硅的吸收，增强作物的抗病性、抗逆能力。

钙和镁有双向互助吸收作用，可使果实早熟，硬度好，耐贮运。

有双向协助吸收关系的还包括：锰和氮、钾、铜。

硼可以促进钙的吸收，增强钙在植物体内的移动性。

氯离子是生物化学中最稳定的离子，它能与阳离子保持电荷平衡，是维持细胞内的渗透压的调节剂，也是植物体内阳离子的平衡者，其功能是不可忽视的，氯比其他阴离子活性大，极易进入植物体内，因而也加强了伴随阳离子（钠、钾、铵离子等）的吸收。

锰可以促进硝酸还原作用，有利于合成蛋白质，因而提高了氮肥利用率。缺锰时，植物体内硝态氮积累，可溶性非蛋白氮增多。

表9　土壤、温度对营养元素的拮抗

原因	氮	磷	钾	锌	锰	硼	铁	铜	镁	钙
排水不良		×			×					
冷性土		×			×		×		×	
土壤黏湿							×		×	
轻沙土	×		×	×	×	×		×	×	×
低土温		×					×		×	
低气温	×	×	×			×				
高气温			×							×

表10　大量元素的促进作用

	氮	磷	钙	镁	铁	硼	锰	钼	硅	NH_4^+
氮		√		√			√			
磷	√		√	√			√	√	√	
钾	√				√	√	√			√

表11　中微量元素的促进作用

	氮	磷	钾	钙	镁	铜	锰	锌	钠	硅	NH_4^+	铷	溴
钙		√		√	√								
镁		√	√							√		√	√
铁			√										
硼				√									
铜							√	√					
锰	√	√	√			√							
氯			√						√		√		

表12 其他因素的促进作用

	氮	磷	钾	钙	镁	铁	硼	铜	锰	钠	硅	NH_4^+	铷	溴
PO_4^{3-}			√	√	√									
SO_4^{2-}			√	√	√									
NO_3^-			√	√	√									
Al			√										√	√
NH_4^+			√											
有机肥	√	√	√	√	√	√	√	√	√		√			

4.2.2.4 其他因素的促进作用（表12）

当土壤溶液在酸性时候，植物吸收阴离子多于阳离子，而在碱性反应中，吸收阳离子多于阴离子。

4.2.3 营养元素间的交互作用

4.2.3.1 替代效应

钠（Na）—钾（K）。

4.2.3.2 协同效应（1+1＞2效应）

磷—锰；硅—磷。

4.2.3.3 高抑低促效应

钾—硼；钙—镁。

4.2.3.4 削弱拮抗效应

磷（P）可削弱铜（Cu）—铁（Fe）拮抗作用。

4.2.3.5 消除毒害效应

钙（Ca）可以减轻或消除氢离子（H^+）、铝（Al）、铁（Fe）、锰（Mn）过量存在的毒害。

镁可以消除过量钙的毒害。

钾不仅有一系列营养作用，它还能消除氮肥、磷肥过量而造成的某些不良影响。

钼能促进光合作用的强度以及消除酸性土壤中活性铝在植物体内积累而产生的毒害作用。

硅肥多碱性（pH 9.3~10.5），在酸性土壤施用时，能中和酸性，可以减轻铝离子的毒性、减少磷的固定，改善作物磷营养状况。

4.2.3.6 其他效应

铝（Al）的存在可抑制磷（P）、铁（Fe）、钙（Ca）、镁（Mg）、锰（Mn）、的积累，尤其是镁（Mg）、铁（Fe）、锰（Mn）可降到缺素水平以下。

5 猕猴桃生理病害的诊断与矫治

（引自黄宏文《猕猴桃高效栽培》）

5.1 藤肿病

5.1.1 症状

猕猴桃的主、侧蔓的中段藤蔓突然增粗，呈上粗下细的畸形现象，有粗皮、裂皮，叶色泛黄，花果稀少的症状，严重时，裂皮下的形成层开始褐变坏死，具发酵臭味。病树生长较弱甚至引起死枝。

5.1.2 病因

树体和土壤缺硼。发生于猕猴桃枝梢全硼含量低于10毫克/千克、土壤速效硼含量低于0.2毫克/千克的果园。该病于1984年在湖北省蒲圻十里坪猕猴桃园首先发现，1987~2000年相继在湖北省农业科学院果茶研究所猕猴桃园和中博安居集团猕猴桃基地发现。1985年经检测十里坪病树枝梢全硼含量为9.75毫克/千克，而健康树枝梢含硼平均为22.93毫克/千克，最高的达30.47毫克/千克；测定病树根际土壤的速效硼含量仅0.17～0.19毫克/千克。1986年该园在猕猴桃花期叶面喷洒0.2%硼砂液，并每株树施入硼砂10克，此后连年花期喷硼，直至藤肿未再发生为止。1991年5月重测该园藤肿病树恢复后的叶片全硼含量，其平均为23.79毫克/千克，最高含量达27.4毫克/千克。1987年湖北省农业科学院果茶研究所猕猴桃园，测定病树下的土壤，其速效硼含量为0.1~0.2毫克/千克，自发病当年开花期进行叶面喷0.2%的硼砂液，至1991年开始地面撒施硼砂，约每亩0.5千克，迄今再未发生此病。1992年采藤肿恢复树下土壤作分析，测定速效硼含量达0.35毫克/千克，已恢复到正常水平。

5.1.3 矫治方法

①每年花期喷硼砂液1～2次（浓度为0.2%）。②根际土壤施用硼肥，每隔2年左右，在萌芽至新梢抽生期（4～5月间）地面施硼砂，每亩0.5～1千克，将土壤速效硼含量提高到0.3～0.5毫克/千克，枝梢全硼含量达到25～30毫克/千克。③合理增施磷肥和农家肥，利用磷硼互补的规律，保持土壤高磷（速效磷含量40～120毫克/千克）、中硼（速效硼含量达0.3~0.5毫克/千克）的比例。

5.2 叶褐斑病

5.2.1 症状

多出现于6月以后高温干旱的季节，在猕猴桃的叶片上出现圆形病斑，褐色，后期病斑穿孔破裂，严重时叶片早期脱落，引起枝梢光秃，枝蔓细弱，影响花芽分化。

5.2.2 病因

系缺钙引起，并已为新西兰的研究人员所证实。此病发生于高温干旱的6～8月份，因高温干旱期树体的代谢增强，消耗增多，而根系的吸收能力却减弱，导致钙素亏缺而引起发病。1987年测定武汉猕猴桃园病树下的土壤速效钙含量平均为1 000毫克/千克（700～1 300毫克/千克），经1991年施钙后，1992年测定土壤速效钙含量平均为1 440毫克/千克（1 200～1 800毫克/千克），树冠叶褐斑病明显减轻。1992~1993年连续施石灰后，1993年秋季恢复树下的土壤速效钙含量为1 953毫克/千克，其叶褐斑病已基本消失。

5.2.3 矫治方法

猕猴桃谢花后，每亩地面撒施生石灰50～100千克，然后松土将其翻入土中，使土壤中速效钙含量达2 000毫克/千克以上，最好达到3 000~5 000毫克/千克。

5.3 叶黄斑病

5.3.1 症状

首先在嫩叶叶脉间出现淡黄色的圆斑，病叶比健康叶片显著变小，叶片变薄，叶色发黄，把病叶对着光看，黄斑处呈半透明状。该病发生于高温干旱的7~9月份。一旦发病，其病叶上的黄斑不会随着气温的降低而消失。黄斑病多出现在新梢中上部的嫩叶上。

5.3.2 病因

由缺钼所致。1991年湖北省猕猴桃产区曾普遍发生叶黄斑病。测定根际土壤速效钼的含量仅0.15毫克/千克。同年秋季，测定江苏省邗江县红桥猕猴桃开发中心杨声谋管理的正常生产园（每亩产2 500千克）的根际土壤，其速效钼的含量为0.27毫克/千克，树体生长健壮，叶色浓绿，且富光泽。由于钼是构成硝酸还原酶的主要元素之一，而硝酸还原酶实为碳、氢、氧、氮、磷、硫、钼7种元素构成的蛋白质（化学结构式为硫氢基钼黄素腺嘌呤二核苷酸蛋白质），它的主要功能是在叶中将由根系吸收来的硝态氮转化为亚硝酸态氮，再通过亚硝酸还原酶转化为氨态氮之后，才能参与合成叶绿素，没有它的转化作用，土壤中吸收来的氮是不能被直接用于合成叶绿素的。所以在这7种构成硝酸还原酶的元素中，任何一种元素的缺乏，此酶就不能形成。这时土壤中的氮素再多，也不能发挥作用。猕猴桃园适宜的土壤速效钼的含量为0.2～0.4毫克/千克。

5.3.3 矫治方法

①新叶展开后，及时喷布0.2%钼酸铵水溶液。②增施有机肥，因有机肥中大量元素和微量元素含量比较全面。秋末冬初多施有机肥，可补充土壤中有效钼的含量。

5.4 叶黄化病

5.4.1 症状

首先在猕猴桃嫩梢上的叶片变薄，叶色由淡绿至黄白色，早期叶脉保持绿色，故在黄叶的叶片上呈现明显的绿色网纹。病株枝条纤弱，幼枝上的叶片容易脱落。病变逐渐蔓延至老叶，严重时全株叶片均变成橙黄色以至黄白色。病株结果很少，果实小且硬，果皮粗糙。苗圃地植株发病则表现为幼苗黄化，停止生长。

5.4.2 病因

为缺铁引起的生理性病害。该病曾于1981年在武汉植物园猕猴桃苗圃上出现。以后连续在幼树和大树上出现。分析测定病树根际土壤有效铁，其含量仅为7.8～26毫克/千克，属于严重缺铁范围。1999–2000年先后在湖北省石首市久合垸乡和河南省新野县沙堰镇等地检查因缺铁而引起的猕猴桃严重叶黄化病的情况（两处土壤pH均在7.5~7.8）。发现其引起缺铁的原因很多，主要是：①土壤渍水。猕猴桃是浅根系（肉质根），是呼吸和蒸腾作用都比较旺盛的果树，对水分过多或过少的反应特别敏感。土壤渍水引起根系吸收困难，铁素吸收减少。②果园土壤管理粗放。土壤黏重、板结、通气性差，缺铁问题尤为突出。③长期高温土壤干旱，土壤中可溶性铁缺少。④盐碱固定。pH偏碱的土壤（pH为7.5以上），铁以难溶性的三价铁$Fe(OH)_3$形态存在，不易被猕猴桃根系吸收利用。

5.4.3 矫治方法

①用硫酸亚铁与农家肥混施。缺铁成年树每株施500~1 000克硫酸亚铁。为减小硫酸亚铁与土壤直接接触面，可在猕猴桃根系分布较多的土层范围内施一层农家肥，撒一层硫酸亚铁，再施一层农家肥，此法是防治缺铁病的根本措施。由于农家肥在分解过程中释放出有机酸，同时家肥含有许多矿质营养，可供根系吸收利用，促进生长发育（施螯合铁和农家肥效果更好）。②开沟排水。因铁在渍水状态下根系很难吸收。③树干钉锈钉或吊瓶注射（内装0.2%硫酸亚铁或者柠檬酸铁）。④猕猴桃园行间套种绿肥，并于干旱季节将树盘用绿肥和其他作物秸秆覆盖保墒。提高果园综合管理水平，使土壤有效铁含量保持在适宜范围内（40～130毫克/千克）。

5.5 果干疤病

5.5.1 症状

1987–2000年在湖北省农业科学院果茶研究所和中博安居公司的猕猴桃树上发现，采收期的中华猕猴桃果面上，常于近果顶部分出现褐色疤痕，稍凹陷，皮下果肉变褐，呈木栓化，干缩坏死，深度约3~5毫米。病果不耐贮藏，采果后数天开始腐烂。此病于1989年秋季在江西省农业科学院园艺研究所猕猴桃园刚采收的‘魁蜜’‘金丰’等品种果实上发生过。

5.5.2 病因

为果实缺钙而引起的生理性病害，此病与湖北省农业科学院果树茶叶研究所等科研人员研究解决的板栗栗仁褐变腐烂、梨果肉褐变、梨木栓斑点、梨水葫芦、麦香桃果顶软腐等病害如出一辙，同时也与国内近年研究解决的鸭梨果实黑心病、苹果苦痘病、红玉苹果斑点病以及柑橘囊瓣软化、制罐浑汤等变化相似。而这些病害的主要原因，全属缺钙引起。缺钙则细胞壁不坚实，故在高温、强呼吸的影响下，果实组织易衰老崩解，继而褐变腐烂。因此，供给充足的钙是提高果实耐贮性，增进品质的关键。现在认为，猕猴桃园土壤速效钙的适量范围在3 000～5 000毫克/千克。

5.5.3 矫治方法

与叶褐斑病相同，亦可在采果前30~40天树冠喷布1%~1.5%硝酸钙水溶液。

6 猕猴桃园水分管理

常言道，“有收无收在于水，多收少收在于肥”。猕猴桃园的水分管理，是猕猴桃田间管理的重要内容，影响到肥料的吸收和猕猴桃的生长结果等方方面面。

6.1 肥与水的关系

猕猴桃需要的营养元素需要溶解到水里才能被猕猴桃吸收，因此适当的水分有利于猕猴桃吸收营养元素。当土壤过于干旱时，根系能吸收到的营养元素有限，从而影响到猕猴桃的生长。但土壤水分过大时，通透性差，影响到根系的正常呼吸，根系的吸收能力低，也不利于营养元素的吸收。并且土壤水分过大，根系长期处于呼吸不良状况，轻者出现沤根现象，重者根系死亡。当根系呼吸不畅时，树体表现整树叶片黄化，或上部叶片黄化，或下部叶片黄化。还有些果园出现老叶有锈斑现象，很像是生了“锈病”，其实是土壤水分过大，根系呼吸不畅所致。肥料充足而灌水不足时，根系处在高浓度肥料的环境，易造成烧根，老叶干枯或焦边。灌水过量时，会造成土壤通气不良，易溶于水的营养元素随灌水渗漏流失，既浪费了肥料，又造成地下水的污染。施肥要适量，土壤的水分也要适当，才能让根系处于最佳吸收状态。肥水之间相互影响，所以有水肥不分家之说，应大力提倡肥水一体化。

6.2 肥水与猕猴桃根系的关系

肥水与猕猴桃根系相互关联和影响。适当的肥水，有利于根系吸收肥水，有利于根系生长，土壤过于干旱时，根系吸收的营养量减少，会刺激根系生长。但猕猴桃的根为肉质根，尤忌土壤渍水，当土壤水分过大时，根系呼吸差，不利于根系生长，甚至导致根系死亡。当土壤肥料浓度过高时，根系出现反渗透，导致根系失水死亡。近几年，过量施肥导致的烧根现象普遍，给猕猴桃生产带来严重后果。对于新栽猕猴桃树，新根没有长出之前施肥，不利于新根生长，就算有新根长出时，也只能接受非常低的肥料浓度环境，肥料浓度稍微高一点，就会阻止新根长出，出现发苗后死亡现象。对结果树，尤其是幼果膨大期，肥水需要量较大时，易出现烧根现象。根系烧坏后的果园，会出现老叶焦边且向上部叶片蔓延，有些出现面积较大的黄褐色斑枯，或者叶片像西瓜皮一样花叶，易脱落，日灼严重，有的后期易引发溃疡病。上年烧根的猕猴桃树，下年易出现生长中的枝条突然死亡现象或树干开裂现象。

6.3 肥水与猕猴桃生长的关系

当猕猴桃既缺肥又缺水时，猕猴桃生长缓慢，节间短，叶片小；当猕猴桃水分充足，而肥料不足时，猕猴桃枝条细长，叶片淡绿，营养过多地消耗在营养器官上，结果能力弱；当猕猴桃肥充足而水分不足时，易出现烧根现象，叶片小且颜色深绿，节间短；当猕猴桃肥水皆充足时，出现旺长，营养生长过快，叶片大而颜色浅（因生长过快，造成营养相对不足，叶片颜色浅），节间长，副梢抽发难控制。肥水的调控是控制猕猴桃不同生育期生长的关键措施，当肥水不能与猕猴桃该生育期生长协调时，就会出现生理失调和增加管理难度。由于猕猴桃栽培品种，其叶片为纸质或厚纸质，角质层薄，叶肉的栅栏组织只有一层细胞，海绵组织细胞间隙不发达，具中生植物特点，抗旱性差，土壤水分供应状况稍差，即易表现旱相。受旱后，叶片发生萎蔫甚至焦边，还易于发生从果实夺取水分的现象，导致果实体积和重量发生负增长，严重时造成落果落叶。故及时有效地为植株提供充足的水分供应，对于猕猴桃的正常生长发育极为重要。

6.4 灌水与土壤质地

不同的土壤质地需要有相应的灌水量

控制。对于土壤团粒结构发育良好的壤性土，或者有机质丰富的土壤，保水保肥能力强，灌水量可以稍微大一些，灌水次数可以适当少一些。对于土壤黏重的果园，灌水量不宜过大，要保持土壤良好的通透性才能有利于根系生长和吸收。这种土壤一旦灌水过量，通透性差，根系呼吸困难，很易出现沤根现象。沙性较重的土壤，保水保肥能力差，水分渗漏快，灌水宜采用小水勤浇，过量灌水既浪费水资源又带走大量的肥料。因土壤的贮存和缓冲能力差，施肥量稍微大一点就易出现烧根现象，根系吸收后又使土壤肥料浓度迅速降低，让根系没有足够的肥料可以吸收，处于“饥饿”和“半饥饿”状态。所以沙性土一次的施肥量要远远小于壤性土。对黏性较重的土壤或沙性土，建议在栽苗之前，多放作物秸秆等有机物或多施有机肥，以改善土壤的保肥保水性能。结果园可以在施秋季基肥时撒施后与表土混匀。

6.5 灌水方式或方法

我国是一个水资源相对缺乏的国家，很多灌水方式落后，浪费水资源、浪费肥料等，其实都是源于我们的老习惯。科学的灌水方式，不但能节省水资源，更重要的是节省肥料。

6.5.1 漫灌

这是我国大多数果园采用的灌水方式，缺点：费水，肥效低，污染地下水，让土壤通透性变差。建议：仅用于萌芽水或冬灌。

6.5.2 沟灌

在没有滴灌条件的地区，沟灌是不错的选择，比漫灌省水省肥，有利于土壤通透性，降雨过多时有利于及时排水。沟灌要注意控制灌水量，以畦面上无水、沟里有水、很快就干为宜。这种水量，肥料往下渗漏少，省水省肥。若沟灌时灌水量过大，缺点就和漫灌无异。

6.5.3 滴灌

这是近年推广应用比较成功的一种灌水方式，省水，肥效高，操作方便，成本低，便于自动化控制等优点。但是滴灌对肥料要求高，必须是液体肥料或者水溶性好的肥料才能用。一些质量差的滴灌设备只有滴头周围湿润比较好，根系发达，其他地方根系分布很少，造成营养吸收范围缩小，且根系分布比较浅。这种根系分布状况，一旦肥料浓度稍高，就易产生肥害。滴灌加地膜覆盖的模式，土壤水分不易散失，很容易出现水分过大、土壤通气不良、沤根严重情况，尤其是新栽果园易出现水分过大沤根现象。所以，滴灌必须根据土壤的水分状况严格控制滴水量。如果每次的给水量都很小，会造成滴头附近的根系发达，而其他区域根系很少的现象，所以，要缺水时再给水，给水时，要一次把水给足量，才能让湿润范围大，根系分布广。

6.5.4 交替滴灌

一种能在猕猴桃树两边交替滴灌的灌水方式。这种方式能让猕猴桃树两边的根系，一直处在干湿交替的环境下，有利于根系生长和土壤通透性。让肥料的吸收利用更高效。

第五章 猕猴桃果实的采收贮藏

（引自黄宏文《猕猴桃高效栽培》）

MIHOUTAO GUOSHI DE CAISHOU CHUCANG

1 猕猴桃果实状态对贮存期的影响

1.1 果实采收前的营养状态

猕猴桃果实耐贮性的好坏与果园的栽培管理、土壤条件、所处的生态环境等有着密切的关系。果园采用不同水肥管理对猕猴桃果实的耐贮性影响很大。实践证明，施用农家肥，即家禽粪、植物枝叶等拌以少量的磷肥为主复合肥的植株，不仅树体生长健壮，果实发育好，品质优，病虫害也少，而且果实的耐贮性也好。使用了果实膨大剂，如大果灵，不仅会产生畸形果，而且也影响果实的耐贮性。大量施用氮肥，虽然可使果实增大，但果实风味变淡，风味差，在生长期和贮藏期，抗病虫的能力减弱，缩短了贮存的时间。由于果实含氮过多，还会增大呼吸强度，加快物质消耗，从而加快衰老腐烂进程，降低果品质量。与氮相反，钙可降低果实的呼吸强度，减少物质消耗，保护细胞结构不被破坏，增加果实硬度，从而增强耐贮性，同时用钙处理过的果实，在贮藏过程中硬度下降变慢，减轻生理病害。因此，土壤中施钙和采收前数天叶面喷施钙肥（如1%~1.5%氯化钙等），对提高猕猴桃果实耐贮性有着重要的作用。

1.2 果实采收前的水分状态

水分不仅影响猕猴桃的生长和结果，而且对果实的品质和耐贮性的影响很大。水分过多，降低果品质量，使风味变淡，生长期和贮藏期病害严重。因此，一般在果实采收前10天左右应停止灌水，早晨露水未干前和雨天，雾大天不要采果。

1.3 品种的特性

果实的耐贮性和抗病力与品种关系极大，一般晚熟品种比早中熟品种耐贮性好，因为晚熟品种在果实发育后期，气温较低，加之昼夜温差大，树体积累营养物质多，病虫害少，在果实采收时气温比较低，呼吸强度减弱，也有利于贮藏。早熟品种最早的8月初就成熟了，采果时气温高，呼吸强度大，加快了果实的后熟过程，使果实耐贮性变差。通常美味猕猴桃的果实成熟期较中华猕猴桃的果实成熟期晚，美味猕猴桃有的成熟期可延至11月份。所以大多数美味猕猴桃品种比中华猕猴桃品种果实的耐贮性好些。

果实茸毛的硬度也影响其耐贮性。有的品种果实成熟时茸毛几乎掉光或很少，或者茸毛柔软，如软枣猕猴桃、狗枣猕猴桃、葛枣猕猴桃等果皮光滑无毛，而且成熟又早，所以果实很不耐贮藏。一般美味猕猴桃除成熟期晚外，果实还披着较硬的茸毛，所以美味猕猴桃品种比具柔软茸毛的中华猕猴桃品种耐贮。美味猕猴桃中，毛质硬的成熟时茸毛不易脱落的比毛质柔软易掉毛的耐贮性强。

1.4 采收期和采收技术

1.4.1 采收期

采收期果实采收时间的早晚对耐贮性状有很大的影响。采收过早，果实还未完全成熟，品质低劣，不耐贮藏，始终是硬果，甚至不能后熟，完全不能食用，采收过晚，增加了落果和使果实硬度降低，造成机械伤增多，果实衰老快，贮藏期缩短，掌握果实适宜的采收时期才能得到优质果实。确定猕猴桃适宜采收期，可根据植株花后天数，叶片变黄程度，内源乙烯含量、积温等作参考。最简便的方法，一般采用测定果实可溶性固形物含量的方法，既准确又便于操作。测定的仪器是手持测糖仪。测定时将果汁挤出，滴在折光棱镜的玻璃片上，然后把照明盖板盖在折光棱镜上合拢，就可以通过眼罩的镜头清楚地看到所显示的刻度，求出几个果的平均数，就是可溶性固形物的百分含量，最好从不同位置、不同树上多取几个果测定。一般中华猕猴桃可溶性固形物含量达6.2%以上，美味猕猴桃的可溶性固形物含量达6.5%~8%就可以采收了。我国农业部颁布的标准，为早中熟品种类的可溶性固形物含量必须达到6.2%~6.5%；晚熟品种类可溶性固形物达到7%~8%。新西兰规定可溶性固形物含量要达到6.2%以上才能采收。在法国‘海沃德’果实含可溶性固形物达7%以上可以采收。最迟可溶性固形物含量为10%时采收，我国在野生猕猴桃产区的农民，往往是争先上山提前抢收猕猴桃果实，使果实品质低劣，更谈不上什么耐贮性了，有的为了让果实提早成熟，在果实含可溶性固形物5%左右时喷6毫克/千克的乙烯利，促使果实可溶性固形物上升，提前半个月左右达到含可溶性固形物6.2%的成熟指标。用乙烯利处理过的果实比自然成熟的果实耐贮性稍差，风味也差一些。采收时的可溶性固形物含量，不仅品种不同标准不一样，而且与果实贮藏期限有关。如需贮藏时间长或者远销的果实，采收时一般可溶性固形物含量6.2%~7%之间较为适宜；若是短期贮存或就地销售的果实，采收时的可溶性固形物含量可提高到8%以上，这时猕猴桃的风味更浓，品质更好，缺点是不耐久藏。

1.4.2 采收技术

猕猴桃表皮上有一层茸毛，可减轻果皮的机械损伤，而且可减少水分损失，在采收过程中要围绕避免果实遭受机械损伤制定的采收操作要领采果，在采收前要做好准备工作，如准备好采果用的袋、筐及柔软的垫衬等。而且要尽量减少装卸的次数。

采果时一手拉着果枝，一手握住果实轻轻扭动，采下果实，轻轻装入筐、篮中。采果人员必须做到：①采果前不饮酒，不吸烟。②采果前将指甲剪短，戴上手套。③采收按先下后上，先外后内，切忌强拉硬拽。④阴雨天、露水未干或有浓雾时不得采果，阳光强烈的中午或午后也不宜采收。最好把采果时间定在雾已经消失、天气晴朗的午前。⑤采后尽快运往预冷地点，并快速进行分级包装处理。⑥必须轻摘、轻放、轻装、轻卸，避免指甲伤、碰压伤、刺伤、摩擦伤，要挑出病虫果。

1.4.3 温度

温度的高低是影响果实贮藏寿命的重要因素之一，在适宜的温度范围内，温度愈低果实的呼吸作用愈弱，消耗的物质愈少，贮藏时间愈长，果实的品质也愈好。相反，则贮藏时间缩短。因此，果实采收后要尽快放到低温处。采下的果实首先要放在比冷库温度低的条件下进行预冷，减少田间热，然后再放入冷库贮藏，能否尽快让果实冷却以及冷库贮藏的温度高低是果实能否长期贮藏的关键因素。但温度不是越低越好，库内温度低于-1℃易产生冻害，对耐贮品种如贮藏温度掌握得好，果实贮藏4个月以上，仍能基本保持果实原有的品质。

1.4.4 相对湿度

在贮藏过程中湿度的变化对果实的水分损失影响很大，猕猴桃在贮藏过程中，库温上升，相对湿度下降，会导致果实大量失水和发生皱皮。贮藏的相对湿度一般应控制在90%～95%。用气调贮藏法控制空气的相对湿度，能降低果胶溶解酶的活性，增强果实的耐贮性。这在果品销售上是极为重要的。

1.4.5 果实的包装运输

包装的好坏对减少果实损耗，保证果品质量、延长贮藏期和货架期有一定的影响。外包装一般选择机械强度较高的容器，如单层托盘或多层包装箱等。多层包装箱可用塑料箱，也可用木箱或硬纸箱。箱体不要太大，装果层数不宜过多，以免压伤。一般每箱以装果不超过10千克为好，并且箱内必须分层衬垫，果实分格摆放，果与果之间和果与箱之间都应填充软质衬物，如泡沫塑料等，以保证果实在贮运过程中不受损伤。搞好运输过程中的组织管理，尽量减少运输中的损耗。装运时应做到轻拿、轻装、轻卸，快装、快运、快卸，运输过程中果箱内的温度不要波动太大，特别是在没有低温运输条件时，更要注意缩短运输过程时间。最好在温度较低的早晚进行运输。

2 猕猴桃果实的贮藏

猕猴桃果实采后发生快速软化，是影响贮藏的主要因素。猕猴桃软化主要是由于果实组织内的多糖水解酶和乙烯合成酶促进物质的降解和产生乙烯，进而增强果实的呼吸作用和其他成熟衰老代谢。猕猴桃对乙烯耐受力差，环境中微量的乙烯，对猕猴桃就有催熟作用，果实自己产生的乙烯也具有自我催熟作用。因此，贮藏过程中应避免果实自身产生乙烯，也不得与乙烯释放量大的苹果、梨、香蕉等水果及蔬菜混在一起贮藏，并在贮存库中放置乙烯吸收剂，以除去果实产生的乙烯，使库内乙烯含量不高于0.01毫克／千克。这样可延缓贮藏初期果实的软化过程，是延长贮藏期的关键。此外，贮存库内空气中要保持二氧化碳的含量达4%~5%，氧气含量为2%~3%，相对湿度90%～95%，库的周围不得熏烟及堆放腐烂的有机物。

猕猴桃贮藏期间，设法降低乙烯合成酶、多糖水解酶、淀粉酶的活性，是提高果实贮藏保鲜效果、保持果实的硬度和品质的重要措施。

2.1 冷库贮藏

冷库贮藏是目前比较好的贮藏方法。在资金比较雄厚的地方，采用冷库与气调相结合的方法来贮藏猕猴桃果实，其效果更好。冷库贮藏的具体操作步骤和方法如下。

2.1.1 果品处理

猕猴桃果实营养丰富，极易遭受微生物的侵害而变质腐烂，因此入库前必须进行如下处理：①供贮的果实其采摘时间应在可溶性固形物含量达6%~7%时，过早或过晚采果对长期贮藏都有不利的影响。②采摘果实时要剔除伤残果、畸形果、小果和病虫为害果。③果实采收后迅速进行选果、分级、包装，从采摘到入库冷藏在一天之内完成。④在劳力充足的地方，可将果梗剪去大部分，只留短果梗，以免果实相互刺伤。

2.1.2 温度的控制

贮藏猕猴桃的最适温度是0~2℃。在果品入库前和入库初，将库内的温度控制在0℃。由于果实入库带来了大量的田间热，会使库温上升，因此，每批入库的果实不能过多，一般以占库容总量的10%～15%为好。这样库内的温度比较稳定，在低温状态有利于长期贮藏。果实入库完毕，应立即将库温稳定在0～2℃。在整个贮藏过程中，尽量避免出现温度升高或较大幅度的波动。

果实出库上市时，由于库内外温差大，会引起果面上产生一层水珠，而易引起腐烂。对此可以将从库中拿出的果实在缓冲间（或预冷间）中先放一段时间，提高果体的温度后再出库上市，以避免果皮上出现水珠。

2.1.3 湿度的控制

猕猴桃贮藏适宜的相对湿度为90%～95%，但由于冷藏库中的热交换器蒸发管路不断地结霜、化霜，常导致湿度下降，难以保持最适的湿度范围。对此可以采用在地面洒水或安装加湿器等方法加以解决。也可把猕猴桃放在塑料薄膜袋内或塑料帐内，保持小环境内的相对湿度基本稳定。

当库门开关次数太多时，常造成库内相对湿度过高，使果实表面出现发汗现象，对果实贮藏有不利影响，因此，要尽量减少冷库门的开关次数。在库内各适当部位放置氯化钙、木炭、干锯末等吸湿物，对降低库内湿度也有一定的作用。

2.1.4 通风换气

因贮藏果实本身的呼吸作用会放出大量的二氧化碳和乙烯等气体。当这类气体累积到一定的浓度时，会对果实产生催熟作用，使果实迅速变软老化。因此，库内要注意通风换气。通风可在早晨进行，雨天雾天湿度较大，不宜换气。也可在库内安装气体洗涤器，清滤库内空气，将有害气体清除。

在猕猴桃果实贮藏库中还可放置乙烯吸收剂，以吸收乙烯，减少库内的乙烯含量。乙烯吸收剂可自行制作，一般用蛭石、新鲜碎砖块泡在饱和的高锰酸钾溶液中，使蛭石和砖块染上一层紫红色，然后取出沥干，放在库内或装果实的薄膜袋内即可。放置一段时间后，蛭石或砖块褪掉鲜艳的红色，表明已经失效，要重新换上新泡制的蛭石或砖块。

2.2 窑洞贮藏

窑洞也叫土窑洞。虽然它的冷藏效果不如冷库好，但它的投资少，利用自然条件，结构简单，建造方便，容易管理，是一种节能型的贮藏设备。在山区及丘陵地区的昼夜温差较大，可利用天然的冷凉条件，建造贮藏窑洞。

2.2.1 窑洞的建造

应选地势高燥、土质坚实的阴坡地方作建窑地址。贮藏窑洞的结构分窑洞门、窑洞身和排气孔三部分。窑洞门通常设置两道，以利保温，两门相距3~4米，门宽1.6米左右，高约2.4米，门外设防鼠沟一道。窑洞身全长30~40米，贮果区长约30米，宽、高各3米，整个窑洞顶应位于地下4~6米处。在洞尾设一排气孔，排气孔高出地面5米左右，排气孔全长约10米，直径1.2米。窑洞内沿两侧洞壁各修1条地沟，沟宽、深各为0.25米，长度与窑洞相等，沟的一端与窑外相通，一端与排气孔底部相接，以利通风降温。

2.2.2 窑洞的贮藏方法与管理

2.2.2.1 进洞的准备工作

果实进入窑洞之前，一般都要对窑洞进行消毒处理，特别是已贮藏过果实的旧窑洞，更要进行彻底清扫和消毒。消毒常用硫黄熏蒸，按每立方米空间用硫黄10克。或用1%的福尔马林溶液均匀喷布，喷药后关闭窑洞门2~3天，然后开门通风，待甲醛蒸气散尽后再使用。地面可撒石灰进行消毒。包装容器用0.1%～0.5%的漂白粉溶液洗刷干净，然后再在太阳下暴晒消毒。

2.2.2.2 进洞贮存

一天之内将采收的果实迅速选果、分级、装箱，经散热预冷后入洞，堆箱时最好箱与箱之间交错堆放，并留出3~5厘米的空隙，地面垫上木条或砖块，以利通风降温。

2.2.2.3 窑洞的温度调控

调节窑内温度是窑洞贮藏成败的关键。要经常观察窑洞内的温度变化。果实一入窑洞，温度会很快上升，要利用窑外温度较低的凌晨和夜间，打开窑洞门和排气孔，换气降温。在室外温度低于最适贮藏温度的寒冬季节，要在白天气温高时（0~5℃）进行通风，以防止果实受到冻害。

2.2.2.4 窑洞的湿度调控

窑洞内湿度过高时，可在洞内外湿度相差不大时换气。洞内湿度过低时，可在窑洞内地面上喷水、挂湿草帘来提高湿度。

2.2.2.5 日常检查

要经常检查窑洞内温度、湿度的变化情况。同时检查果实在贮藏中的变化情况，发现软化和腐烂变质果及时清除，以免影响窑洞内的空气质量，这样利于延长果实贮藏期限。

贮藏的果实如需要催熟，可把果实移至10℃左右的室内，放置1天左右，然后再移到15~20℃的温度条件下进行催熟。经催熟处理的果实一般经5~10天就可食用了。

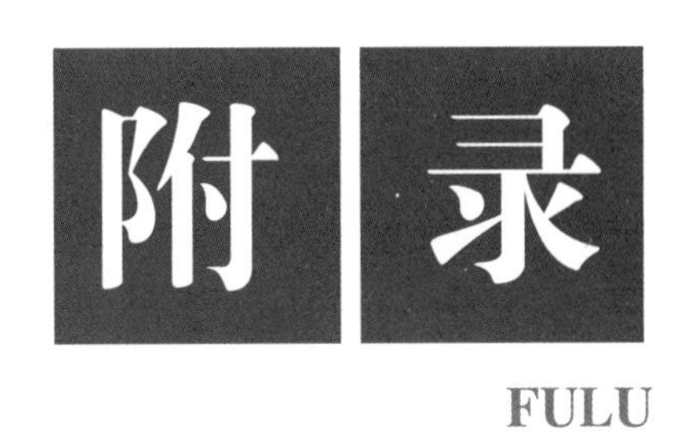
附 录
FULU

附录1 猕猴桃常见缺素症诊断检索表

1. 植株生长量较大
  2. 叶面积较大，但中部叶脉两侧有黄色斑点或黄色斑块，叶面中部皱缩……… 缺硼
  2'. 叶面积略小，幼叶的叶脉间失绿，根系活力较强 ……………………………… 缺锌
1'. 植株生长量较小
    3. 叶面积略小，叶色浓绿，叶缘脉间轻度失绿，根系活力低…………………… 缺磷
    3'. 幼叶叶缘开始，脉间失绿；进而扩展全叶，叶缘产生褐色斑块；根系活力低 ………………………………………………………………………………… 缺镁
    3". 除少数老叶外，叶片均匀黄化，严重时叶肉呈黄白色，但主脉呈绿色，叶面平整；根系活力低 …………………………………………………………………… 缺铁
1". 植株生长量极小
      4. 叶面积小，叶面绿色
        5. 叶面不平整，老叶叶缘有褐斑，须根少，活力低……………………… 缺钾
        5'. 叶柄软化，叶片有水渍状斑块，进而枯萎；根系褐变并腐烂 ……… 缺钙
      4'. 老叶失绿并向幼叶扩展，叶缘有褐色枯斑，叶片外卷；须根少，活力低 ………………………………………………………………………………… 缺氮

附录2　果树常用农药的配制及使用方法

一、石硫合剂（石灰硫黄合剂）

石硫合剂是病、虫兼治药剂，既能灭菌，又能对一些蚧、螨类等害虫有触杀作用。此外，因喷药后在植物体表面形成药膜，故还能起防病作用。

石硫合剂呈强碱性，对皮肤、衣服、铜、铁器均有腐蚀性，宜用陶器等非金属容器保存。石硫合剂原液为红褐色透明液体，有臭鸡蛋气味。

1．熬制方法

配比为生石灰1千克、硫黄粉2千克、水10千克。按上述比例，则稍多加点水，可按1：2：（13~15）比例熬制，具体增加水分比例以熬制时蒸发掉的水分量为准，可在正式熬制前，先熬一锅，试验出耗水量，以便正式熬制前一次加足消耗水重量。

熬制时，将水全部倒入锅内，在锅上做好液面高度标记。水烧开后，从锅中取出大约3/5水倒入已装进生石灰的桶中，溶解石灰。再把过筛的硫黄粉倒入锅内，不断搅拌，使硫黄溶解。在硫黄煮沸同时，将石灰液徐徐注入锅内，慢倒急搅，并加大火力，使锅中药液保持沸腾状态。当药液由黄绿转为橙红色，然后变为棕红色或红褐色（香油色）时立即停火，迅速将药液倒入缸内。冷却后用纱布过滤去渣，澄清液即为石硫合剂原液（又称母液）。用波美比重计测其浓度，称为波美度。度数越高，质量越好。一般可达25~30波美度。

石硫合剂过滤或沉淀的渣滓，可稀释成糊状，用于伤口及枝、干、根等病斑刮除部涂抹灭菌治病。

2．石硫合剂稀释方法

常用波美比重计测出原液浓度，再根

石硫合剂原液浓度主要倍数稀释表

每千克原液加水量 / 需稀释波美度 / 原液波美度	使用浓度（波美度）								
	0.2	0.3	0.5	0.6	0.7	0.8	2	3	5
15	74.1	49.0	29.0	24.0	20.0	17.8	6.5	4.0	2.16
16	79.0	52.3	31.0	26.0	22.0	19.0	7.0	4.3	2.21
17	84.1	55.6	33.0	27.0	23.0	20.0	7.5	4.6	2.40
18	89.3	59.0	35.0	29.0	25.0	22.0	0	5.0	2.60
19	94.0	62.3	37.0	31.0	26.0	23.0	8.5	5.3	2.80
20	99.0	65.6	39.0	32.0	28.0	24.0	9.0	5.6	3.00
21	104.0	69.0	41.0	34.0	29.0	25.0	9.5	6.0	3.20
22	109.0	72.4	43.0	36.0	31.0	27.0	10.0	6.3	3.40
23	114.0	75.6	45.0	37.0	32.0	28.0	10. 5	6.6	3.60
24	119.0	79.0	47.0	39.0	33.0	29.0	11.0	7.0	3.80
25	124.0	82.4	49.0	41.0	35.0	30.0	11.5	7.3	4.00
26	129.0	85.6	51.0	42.0	36.0	32.0	12.0	7.6	4.20
27	134.0	89.0	53.0	44.0	38.0	33.0	12.5	8.0	4.40
28	139.0	92.3	55.0	46.0	39.0	34.0	13.0	8.3	4.60
29	144.0	96.0	57.0	47.0	40.0	35.0	13.5	8.6	4.80
30	149.0	99.0	59.0	49.0	42.0	37.0	14.0	9.0	5.00

据所需使用度数查对“原液浓度、重量、倍数稀释表”即可。

如无波美比重表，可取一个无颜色的玻璃瓶，先称空瓶重量，再盛0.5千克清水，在齐水面处画线条标记，将水倒出后装入冷石硫合剂原液至标记线处，称出重量。然后算出石硫合剂与水重量之差，乘上115（常数），即可得出石硫合剂的原液浓度，比如空瓶重0.275千克，瓶和母液总重0.885千克，可按下列公式计算：

母液浓度=（0.885–0.275–0.5）×115
=25.3波美度

石硫合剂稀释计算公式：

$$原液需用量（千克）=\frac{所需稀释浓度}{原液浓度}\times 所需稀释液量$$

例：需配制0.5波美度石硫合剂稀释液100千克，需30波美度原液和水各多少?

$$原液需用量=\frac{0.5}{30}\times 100=1.7（千克）$$

需水量=100–1.7=98.3（千克）

二、波尔多液

波尔多液是一种天蓝色的胶体悬浮液，是果树上常用的保护性杀菌剂。喷到叶、果、枝上，形成一层薄药膜，可免病菌侵害。喷后一般树叶变浓绿，铜素被吸收后，可促进生长，增强抗病力。一般残效期15~20天。

配制方法

按不同果树对铜的忍受能力大小不同而配制比例不同。有等量式（硫酸铜与石灰用量相等即1：1），倍量式（石灰用量是硫酸铜的倍数即1：2）和半量式（石灰用量比硫酸铜减半如1：0.5）。配制时，不可用金属容器。应用陶瓷器、木桶和水泥池为宜。先用少量热水将硫酸铜溶化后，倒入50千克水中搅匀；再将石灰放入另50千克水内溶化成石灰乳。然后将两种溶液同时徐徐倒入第三容器中，并边倒边搅拌，配成天蓝色药液待用。或用1/3的水将石灰配成石灰乳，用2/3的水溶化硫酸铜，然后将稀释的硫酸铜液慢慢倒入石灰乳中，照样边倒边搅拌，使之化合均匀成天蓝色波尔多液溶液，质量亦较好。配制时宜用生石灰及纯净的硫酸铜作原料。并宜现配现用，不宜贮存。须在天气晴朗时喷药，如喷后马上下雨，易出现药害。同时，波尔多液不可与石硫合剂、退菌特等药物混用，喷过石硫合剂和退菌特后，需隔10天才能喷波尔多液；喷波尔多液后，需隔20天左右才可喷石硫合剂和退菌特，否则易发生药害。

附录3 猕猴桃果实主要营养成分含量

成分 \ 品种	‘布鲁诺’	‘艾博特’	‘海沃德’
水分（%）	84	83	83
非水溶性物质（%）	3.4	3.4	3.4
总可溶性固形物（%）	14	14	14
总糖（%）	8.2	9.5	9.9
还原糖（%）	7.2	8.0	8.7
非还原糖（%）	1.0	1.5	1.2
总酸（%）	1.5	1.2	1.4
抗坏血酸（毫克/千克）	1 310	650	810
维生素（毫克/千克）	900~1 600	500~900	500~1 000
果胶（钙果胶）（%）	0.8	0.7	0.8
单宁（%）	0.06	0.05	0.04
总胡萝卜素（毫克/千克）	4.7	3.	3.5
氮（%）	0.17	0.19	0.17
钾（毫克/千克）	3 010	3 400	2 640
钙（毫克/千克）	400	320	350
磷（毫克/千克）	250	250	210
镁（毫克/千克）	180	180	160
铁（毫克/千克）	4.0	5.0	4.0
钠（毫克/千克）	90	70	70
蛋白质（计算N×625）（%）	1.06	1.18	1.06
碳水化合物（计算）（%）	10.5	11.4	12.1
热量（计算）（焦耳）	164.54	178.99	189..96

附录4 各种有机肥料的主要成分与性质

名称	状态	类别	氮（N）（%）	磷（P_2O_5）（%）	钾（K_2O）	性质	施用方法
人粪尿	鲜物	粪肥	0.5~0.8	0.2~0.4	0.2~0.3	速效、微碱性	腐熟后作基肥或追肥
猪厩肥	鲜物	粪肥	0.45~0.6	0.19~0.45	0.5~0.6	迟效、微碱性	堆积腐熟后作基肥施用
马厩肥	鲜物	粪肥	0.5~0.58`	0.28~0.35	0.3~0.63	迟效、微碱性	与秸秆等沤制堆基肥，腐熟后作基肥
牛厩肥	鲜物	粪肥	0.3~0.45	0.23~0.25	0.1~0.5	迟效、微碱性	充分腐熟后作基肥
羊厩肥	鲜物	粪肥	0.57~0.83	0.23~0.5	0.3~0.67	迟效、微碱性	腐熟后作基肥
土粪	风干物	粪肥	0.12~0.58	0.12~0.68	0.12~1.53	迟效、微碱性	作基肥，成分含量依堆积方式、加土多少而异
堆肥	鲜物	粪肥	0.4~0.5	0.18~0.2	0.45~0.7	迟效、微碱性	
鸡粪	鲜物	粪肥	1.63	1.54	0.85	迟效、微碱性	不宜用新鲜的（其中含多量尿酸，对树体有害）堆积腐熟后作基肥或早期追肥
鸡粪	干物	粪肥	3.7	3.5	1.93	迟效、微碱性	
鸭粪	鲜物	粪肥	1.0	1.4	0.62	迟效、微碱性	
鸭粪	干物	粪肥	2.33	3.26	1.99	迟效、微碱性	
鹅粪	鲜物	粪肥	0.55	0.54	0.95	迟效、微碱性	
家禽粪	鲜物	粪肥	0.5~.1.5	0.5~1.5	1~1.5	迟效、微碱性	
兔粪	风干物	粪肥	1.58	1.47	0.21	迟效、微碱性	沤制堆肥，作基肥施用
蚕沙	鲜物	粪肥	1.44	0.25	0.11	迟效、微碱性	
塘泥	风干物	土杂肥	0.19~0.32	0.1~0.11	0.42~1.0	迟效、微碱性	作基肥
河泥	风干物	土杂肥	0.09~0.68	0.25~0.38	0.91	迟效、微碱性	
炕土	风干物	土杂肥	0.08~0.41	0.11~0.21	0.26~0.91	迟效、微碱性	
房土	风干物	土杂肥	0.09	0.15	0.56	迟效、微碱性	
墙土	风干物	土杂肥	0.1~0.2	0.1~0.45	0.54~0.81	迟效、微碱性	
垃圾	风干物	土杂肥	0.20	0.23	0.48	迟效、微碱性	与厩肥等混合沤制堆肥，作基肥
草木灰	风干物	土杂肥	—	2.0~3.1	10.0	速效、碱性	易溶于水，注意防止流失，作基肥、追肥
稻秆	风干物	秸秆	0.51	0.12	2.70	迟效、微酸性	可与人粪尿、厩肥等混合沤制堆肥，腐熟后作基肥
稻壳	风干物	秸秆	0.32	0.10	0.57	迟效、微酸性	
小麦秆	风干物	秸秆	0.50	0.20	0.60	迟效、微酸性	
麦麸（壳）	风干物	秸秆	2.70	1.24	0.51	迟效、微酸性	
玉米秆	风干物	秸秆	0.61	0.27	2.28	迟效、微酸性	
锯屑	风干物	秸秆	0.09	—	0.07	迟效、微酸性	
大豆秆	风干物	秸秆	1.31	0.31	0.50	迟效、微酸性	
豇豆秆	风干物	秸秆	0.80	0.34	2.87	迟效、微酸性	
苜蓿	鲜茎叶	绿肥	0.72	0.16	0.45	迟效、微酸性	刈割后，撒施田间翻耕入土或作基肥
紫穗槐	鲜茎叶	绿肥	1.32	0.30	0.79	迟效、微酸性	
豌豆	鲜茎叶	绿肥	0.51	0.15	0.52	迟效、微酸性	
蚕豆	鲜茎叶	绿肥	0.55	0.12	0.45	迟效、微酸性	
绿豆	鲜茎叶	绿肥	1.45	0.23	2.57	迟效、微酸性	
黑豆	干茎叶	绿肥	1.80	0.27	0.23	迟效、微酸性	
田菁	鲜茎叶	绿肥	0.5	0.07	0.15	迟效、微酸性	
草木樨	鲜茎叶	绿肥	0.52	0.04	0.19	迟效、微酸性	
苕子	鲜茎叶	绿肥	0.46	0.13	0.43	迟效、微酸性	

附录5　各种化学肥料的主要理化性状

名称	化学式（主要成分）	养分含量（%）	反应		溶解性	注意事项
			化学反应	生理反应		
硫酸铵	$(NH_4)_2SO_4$	含氮20.5~21	弱酸性	酸性	水溶性	有使用石灰的地区，不能和硫酸铵同时使用，前后要相隔6~7天，深施覆土
氯化铵	NH_4Cl	含氮25左右	弱酸性	酸性	水溶性	不适于重盐地施用
碳酸氢铵	NH_4HCO_3	含氮19左右	碱性	—	水溶性	易潮解及挥发，要求深施盖土
硝酸铵	NH_4NO_3	含氮31左右	弱酸性	—	水溶性	①易受潮结块，用一袋打开一袋，一袋用不完时，可放缸内盖上盖子。防潮，防火，不要与易燃物同放 ②所含硝态氮不能被土壤胶体吸附，容易流失，适宜作追肥 ③已结块的硝酸铵要用木棒压碎后施用，不能用铁锤猛打或石碾、铁碾碾
硝酸铵钙	$NH_4NO_3+CaCO_3$	含氮20.5左右	弱碱性	碱性	水溶性（其中的石灰混合物不溶）	①防潮，拆开一袋用不完随时把袋子扎好，或放在缸、桶内贮存 ②如已受潮溶化，可掺10~50倍水浇施 ③施用该肥，仍需施用石灰时前后要相隔6~7天
过磷酸钙	$Ca(H_2PO_4)_2+2CaSO_4$	含磷酸16~18	酸性	—	含的磷酸溶解于水	有吸湿性有腐蚀性
钙镁磷肥	—	含磷酸14~18	碱性	碱性	含的磷酸不溶于水，溶于柠檬酸中	不吸湿不结块，作基肥
磷矿肥	$Ca_3(PO_4)_2$	含磷酸10~35	中性	碱性	含的磷酸不溶于水	不吸湿不结块。与有机肥堆腐效果好，宜作基肥
氯化钾	KCl	含氧化钾50~60	中性	酸性	水溶性	有吸湿有结块性。不宜在盐碱地上用，应深施
硫酸钾	K_2SO_4	含氧化钾48~52	中性	酸性	水溶性	不吸湿不结块
磷酸二铵	$(NH_4)_2HPO_4$	含五氧化二磷53 含氮21.2	—	—	—	—
磷酸二氢钾	KH_2PO_4	含五氧化二磷24 氧化钾27	—	—	—	—

附录6 肥料混合使用查对表

	人粪尿	厩肥	硫酸铵	尿素	氯化铵	碳酸氢铵	硝酸铵	硝酸铵钙	氨水	钙镁磷肥	过磷酸钙	磷矿粉	骨粉	草木灰	氯化钾	硫酸钾
人粪尿																
厩　肥	+															
硫酸铵	⊙	⊙														
尿素	×	⊙	⊙													
氯化铵	⊙	⊙	⊙	⊙												
碳酸氢铵	×	×	⊙	×	⊙											
硝酸铵	⊙	⊙	⊙	⊙	⊙	⊙										
硝酸铵钙	×	⊙	⊙	⊙	⊙	×	⊙									
氨水	⊙	+	×	×	×	×	×	×								
钙镁磷肥	⊙	+	⊙	⊙	⊙	×	⊙	⊙	⊙							
过磷酸钙	+	+	+	⊙	⊙	⊙	⊙	×	⊙	×						
磷矿粉	+	+	⊙	⊙	⊙	×	⊙	⊙	⊙	×	×					
骨粉	+	+	⊙	⊙	⊙	×	⊙	⊙	⊙	×	×	⊙				
草木灰	×	×	×	×	⊙	×	×	×	×	⊙	×	×	×			
氯化钾	⊙	⊙	+	⊙	+	⊙	⊙	⊙	⊙	⊙	×	+	+	⊙		
硫酸钾	⊙	⊙	+	+	+	⊙	⊙	⊙	×	⊙	×	+	+	⊙	+	

注：“+”可以混用；“×”不能混用；“⊙”可以混用，但必须立即施用。

附录7 农药混合使用查对表

	波尔多液	石硫合剂	多菌灵	托布津	福美砷	粉锈宁	代森锰锌	地亚农	扑海因	菊酯	尼索朗	三氯杀螨醇	抗蚜威	克螨特	乐斯本	双甲脒	辛硫磷	乐果	敌敌畏	机油乳剂	马拉松	杀螟松、水胺硫磷
波尔多液																						
石硫合剂	×																					
多菌灵	×	+																				
托布津	×	+	+																			
福美砷	×	×	+	+																		
粉锈宁		△	+	+	△																	
代森锰锌	×	×	+	+	+	+																
地亚农	×	×	+	+	+	+	+															
扑海因	×	×	+	+	△	+	△	+														
菊酯	×	×	+	+	+	+	+	+	+													
尼索朗	△	+	+	+	+	+	+	+	+	+												
三氯杀螨醇	×	×	⊙	+	+	+	+	+	+	+	△											
抗蚜威			⊙		+	+	+	+	+			+										
克螨特	×	×	⊙	+		+	+	+	+	+	△	△	⊙									
乐斯本	×	×	+	+	+	⊙	+	△	+	+	+	+	+	+								
双甲脒	×	×	⊙	+	+	+	+	+	+		△	△	+	△	+							
辛硫磷	×	×	+	+	+	⊙	+	△	+	+	+	+	+	+	△	+						
乐　果	×	×	+	+	+	+	+	+	+	+	+	+	+	+	△	+	+					
敌敌畏	×	×	+	+	+	+	+	△	+	+	+	+	+	+	△	+	+	+				
机油乳剂					+					△	△	△	△		+	△	+	+	+			
马拉松	×	×	+	+	+	+	+	△	+	+	+	+	+	+	△	+	△	+	+	+		
杀螟松、水胺硫磷	×	×	+	+	+	+	+	△	+	+	+	+	+	+	△	+	△	+	+	+	+	

注：“+”可以混用；“×”不能混用；“⊙”可以混用，但必须立即施用；“△”不必混用。

附录8 猕猴桃叶片矿质元素含量标准值（壮果期）

元素	缺乏	边缘	适量	最高量	过量
氮（%）	<2.15	2.15~2.36	2.37~2.58	2.50~2.80	>2.80
磷（%）	<0.09	0.09~0.16	0.17~0.23	0.24~0.30	>0.30
钾（%）	<1.20	1.20~1.53	1.54~1.87	1.88~2.21	>2.21
硫（%）	<0.21	0.21~0.32	0.33~0.44	0.45~0.56	>0.56
钙（%）	<2.37	2.37~3.10	3.11~3.84	3.85~4.58	>4.58
镁（%）	<0.27	0.27~0.39	0.40~0.51	0.52~0.62	>0.62
钠（%）	—	—	0.02~0.04	0.05	—
铜（毫克/升）	—	—	5~15	16~21	>21
锌（毫克/升）	—	—	1~22	23~30	>30
锰（毫克/升）	<17	17~103	104~190	191~277	>277
硼（毫克/升）	<20	20~30	31~42	43~53	>53
铁（毫克/升）	—	—	115~150	—	—

附录9 猕猴桃主要病虫害用药品种表

主要病虫害	可用农药品种	用药适期
溃疡病	45%施纳宁、20%噻菌铜、噻霉铜、农用链霉素、波尔多液、80%必备、石硫合剂	采果后或入冬前喷石硫合剂、波尔多液，立春后至萌芽前、萌芽后至谢花期喷其他药
根腐病	40%多菌灵胶悬剂、45%施纳宁	树体生长期
根结线虫病	10%克线磷、10%克线丹	秋季施用
细菌性花腐病	农用链霉素、1：1：100波尔多液、石硫合剂、80%必备、30%万保露	冬季清园时和始花期之前均可用
立枯病	75%百菌清	发病初期
菌核病	50%速克灵、50%扑海因、50%多菌灵、40%菌核净	开花后期、谢花后
白粉病	25%粉锈宁、45%硫黄胶悬剂、70%甲基托布津	发病初期
褐斑病	50%多菌灵、70%甲基托布津、75%百菌清	发病初期
叶霉病、果实病害	1：1：200波尔多液、80%必备、30%万保露、50%多菌灵可湿性粉剂、70%甲基托布津、75%百菌清、45%施纳宁、噻霉铜	叶霉病发病初期，果实病害于谢花期后立即喷药，套袋前再喷一次
膏药病	石硫合剂	冬季清园时
介壳虫	蚧螨灵、50%亚胺硫磷乳油、50%马拉松乳油、80%敌敌畏乳油、5%狂刺	产卵后期和幼龄若虫期喷药
金龟子	敌百虫、西维因、75%辛硫磷乳剂	开花前两天
大灰象甲	50%对硫磷乳剂	
叶蝉类	80%敌敌畏乳剂、50%杀螟松乳剂、25%亚胺硫磷乳剂、5%狂刺、70%吡虫啉、2.0%阿维菌素	若虫期喷药，采果前一个月停止使用各种杀虫剂
蟮象类	25%敌敌畏乳剂、敌百虫、25%亚胺硫磷乳剂、50%杀螟松	若虫期
叶甲类	90%敌百虫、80%敌敌畏乳剂、2.5%敌百虫粉剂、鱼藤精、5%狂刺	前3种药防治成虫，后一种药防治幼虫
梨木虱	50%对硫磷、50%敌敌畏乳油、25%亚胺硫磷乳油、2.5%鱼藤精乳油	花芽开放时，消灭越冬成虫；若虫发生期喷药防治若虫

附录10 绿色食品生产中禁止使用的化学农药种类

种类	农药名称	禁用作物	禁用原因
无机砷杀虫剂	砷酸钙、砷酸铅	所有作物	高毒
有机砷杀菌剂	甲基胂酸锌、四基胂酸铁铵（田安）、福美甲胂、福美胂	所有作物	高残毒
有机锡杀菌剂	薯瘟锡（三苯基醋酸锡）、三苯基氯化锡和毒菌锡	所有作物	高残毒
有机汞杀菌剂	氯化乙基汞（西力生）、醋酸苯汞（赛力散）	所有作物	剧毒、高残毒
氟制剂	氟化钙、氟化钠、氟乙酰胺、氟铝酸钠、氟硅酸钠	所有作物	剧毒、高毒、易药害
有机氯杀虫剂	滴滴涕、六六六、林丹、艾氏剂、狄氏剂	所有作物	高残毒
有机氯杀螨剂	三氯杀螨醇	蔬菜、果树	我国生产的工业品中含有一定数量的滴滴涕
卤代烷类熏杀虫剂	二溴乙烷、二溴氯丙烷	所有作物	致癌、致畸
有机磷杀虫剂	甲拌磷、乙拌磷、久效磷、对硫磷、甲基对硫磷、甲胺磷、甲基异柳磷、治螟磷、氧化乐果、磷胺	所有作物	高毒
有机磷杀菌剂	稻瘟净、异瘟净	所有作物	异臭
氨基甲酸酯杀虫剂	克百威、涕灭威、灭多威	所有作物	高毒
二甲基甲脒类杀虫杀螨剂	杀虫脒	所有作物	慢性毒性、致癌
拟除虫菊酯类杀虫剂	所有拟除虫菊酯类杀虫剂	水稻	对鱼毒性大
取代苯类杀虫菌剂	五氯硝基苯、稻瘟醇（五氯苯甲醇）	所有作物	国外有致癌报道或二次药害
植物生长调节剂	有机合成植物生长调节剂	所有作物	
二苯醚类除草剂	除草醚、草枯醚	所有作物	慢性毒性
除草剂	各类除草剂	蔬菜	

附录11　关于建始县2015年猕猴桃种苗采购建议的函

为促进建始县猕猴桃产业健康发展，现就2015年猕猴桃种苗采购提出如下建议：

一、苗木规格

参照国标GB 19174–2010规定，所采购的嫁接苗木最低应达到以下标准：

1. 品种与砧木纯正。纯度必须达到95%以上，砧木应为美味猕猴桃。

2. 根系。侧根数为4条以上，没有缺失和劈裂伤，均匀、舒展而不卷曲，侧根长度应达到20厘米以上，侧根基部粗度达到0.3厘米以上。

3. 苗干。嫁接部位5厘米以上苗干粗度不低于0.6厘米。

4. 根皮与茎皮。无干缩皱皮，无新损伤，老损伤处总面积不超过1.0平方厘米。

5. 嫁接部位愈合良好。

6. 接穗具有3个以上的饱满芽。

7. 除国家规定的检疫对象以外，不允许携带下列病虫害：溃疡病、根腐病、根结线虫、介壳虫、飞虱、螨类等。

二、建议

1. 由于全国猕猴桃种苗供应市场整体比较混乱，为保证猕猴桃种苗质量，建议优先在本县范围内采购猕猴桃种苗。

2. 任何供苗单位，必须三证齐全，即苗木生产许可证、苗木经营许可证、检疫证，三者缺一不可。且购苗者一定要与供苗单位签订具有法律效应的正式合同。

3. 建议有条件的大户尽量采用先栽金魁实生苗，然后以坐地嫁接的方式建园。

4. 建议推广采用容器育苗方式培育出无检疫性病虫害的壮苗建园。

华中农业大学猕猴桃课题组

2015–1–12

主要参考文献

[1] 俞德浚.中国果树分类学[M].北京:中国农业出版社，1979.
[2] 朱鸿云.中华猕猴桃栽培[M].上海:上海科学技术出版社，1983.
[3] 梁畴芬，陈永昌，王育生.猕猴桃科，中国植物志.49卷 [M].北京：科学出版社，1984.
[4] 中国农业科学院郑州果树研究所，果树研究所，柑橘研究所主编.中国果树栽培学[M].北京：农业出版社，1987.
[5] 湖北省科学技术委员会农医处.猕猴桃品种选育及栽培利用[M].武汉:湖北科学技术出版社，1988.
[6] 曲泽洲，孙云蔚主编.果树种质论[M].北京：农业出版社，1990.
[7] 沈隽主编. 中国农业百科全书[M]. 果树卷. 北京:中国农业出版社，1993.
[8] 崔致学主编. 中国猕猴桃[M].济南:山东科学技术出版社，1993.
[9] 张洁. 猕猴桃栽培与利用[M].北京：金盾出版社，1994.
[10] 肖兴国. 猕猴桃优质稳产高效栽培[M].北京：高等教育出版社，1997.
[11] 李瑞高，梁木源，李洁维.猕猴桃高产栽培技术[M].南宁:广西科学技术出版社，1998.
[12] 王仁才主编.猕猴桃优质丰产周年管理技术[M].北京：中国农业出版社，2000.
[13] 王国平，窦连登主编. 果树病虫害诊断与防治原色图谱[M]. 北京：金盾出版社，2002.
[14] 蔡礼鸿，浆果类果树，见：夏仁学主编，园艺植物栽培学[M].北京：高等教育出版社,2004.
[15] 吴增军等. 猕猴桃病虫原色图谱[M].杭州：浙江科学技术出版社，2007.
[16] 朱鸿云主编. 猕猴桃[M].北京：中国林业出版社，2009.
[17] 丁建等主编. 猕猴桃病虫害原色图谱[M].北京:科学出版社，2013.
[18] 黄宏文主编. 猕猴桃高效栽培[M].北京:金盾出版社，2009.
[19] 黄宏文主编. 猕猴桃研究进展[M].北京:科学出版社，2000.
[20] 黄宏文主编. 猕猴桃研究进展（II）[M].北京:科学出版社，2003.
[21] 黄宏文主编. 猕猴桃研究进展（III）[M].北京:科学出版社，2005.
[22] 黄宏文主编. 猕猴桃研究进展（IV）[M].北京:科学出版社，2007.
[23] 黄宏文主编. 猕猴桃研究进展（V）[M].北京:科学出版社，2010.
[24] 黄宏文主编. 猕猴桃研究进展（VI）[M].北京:科学出版社，2011.
[25] 黄宏文等著. 猕猴桃属分类 资源 驯化 栽培[M]. 北京:科学出版社，2013.
[26] 恩施州益寿天然果品有限公司，建始县益寿果品专业合作社合编. 建始猕猴桃有机种植技术. 建始，2012.
[27] 刘军,龚林忠主编.葡萄种植技术培训教材[M].北京：中国农业大学出版社，2014.
[28] 华中农业大学猕猴桃课题组，建始县扶贫办合编.建始猕猴桃栽培技术手册.建始，2014.
[29] 大垣智昭(日),石学根,等,译.猕猴桃的栽培和利用[M].杭州:浙江省农科院园艺所，1985.
[30] 末泽克彦，福田哲生（日）.キゥィフルーツの作業便利帳.農文協，2008.

跋 BA

2016年元旦刚过，我和蔡礼鸿等专家教授一行三十余人，来到国家级贫困县建始县实地考察定点扶贫工作。一路上，总是不时听到一句句带有浓厚建始方言的问候声："蔡教授好！""蔡老，您又来了！"。专家队伍中，一位满头银发、精神矍铄的老者热情地挥手回应："好，好！来了，来了！今年收入不错吧！"问候间显露出亲近，自然中透露出熟络。这位老者就是本书的主编、园艺专家蔡礼鸿教授。

蔡礼鸿教授已退休多年，本可北窗高卧、含饴弄孙，但国家扶贫攻坚大战略让他与建始县结下不解之缘。2012年，华中农业大学受国家委派定点扶贫建始县，学校结合实情提出了"六个一"的产业精准扶贫模式，希望围绕一个特色产业，选配一个专家团队，设立一个攻关项目，支撑一个龙头企业，组建一批专业合作社，最终带动一方百姓脱贫致富。蔡礼鸿教授领受的任务就是组织专家团队精准扶持当地猕猴桃产业发展。自此，蔡礼鸿教授访农户、跑基地，查资料、做研究、搞培训，亲自下地手把手传授技术，编印技术小册子，向政府建言献策。在建始县的200多个工作日里，他把自己泡在了花坪、长梁、红岩寺、三里、茅田、高坪等猕猴桃主产区。谈笑风生的学者气度、立竿见影的专业诊断、有求必应的古道热肠，让蔡教授广受果农欢迎。因为他讲的技术听得懂用得上，因为他把技术播撒到田间地头，把科研论文写在建始大地上。

蔡教授长期坚持记录自己工作中的所见所闻，所思所想。在建始科技扶贫点滴记录详实，不落一天。盛世修典，良境著书。这本《猕猴桃实用栽培技术》是蔡教授几十年来珍贵素材的集成，也是他热心支持建始果农发展猕猴桃产业的结晶。这本书虽然算不上鸿篇巨制，但对建始果农却弥足珍贵，因为它是农民看得懂用得着的书，它忠实地记录了一位退休教授在建始扶贫攻坚的坚实脚印。

"莫道桑榆晚、为霞尚满天"。我们祝福和期待这本书能为种植猕猴桃的果农朋友带去更加灿烂的霞光。

谨以为跋

华中农业大学新农村发展研究院院长

李忠云 教授

2016年元月

后记 HOUJI

谨以此书献给广大的猕猴桃种植户和所有关心、关注猕猴桃产业发展的朋友们!

湖北省建始县，地处鄂西南武陵山区北部，优良的自然条件适宜猕猴桃的生长发育，其引种栽培猕猴桃已有30年历史。为发展地方经济，县扶贫办等单位根据近年猕猴桃市场的形势和当地气候土壤条件，争取并投入大量扶贫资金和其他资金，支持猕猴桃果品生产的发展。由于前几年部分猕猴桃种植户的较高收入，吸引了大批农户加入到猕猴桃种植大军中来，在尚未形成严格技术规范的条件下，2012年年底全县已建成猕猴桃果园面积2万亩左右（近20年累计建园超过10万亩），看似形势喜人。但因为栽培技术不当，2013年三四月间，貌似突然暴发的较大面积猕猴桃细菌性溃疡病，造成猕猴桃树成片死亡。受华中农业大学新农村建设办公室和建始县扶贫办委托，我等到建始县猕猴桃种植最为集中的花坪镇周塘、校场坝等村组实地考察猕猴桃产业状况，并与数十户农民和地方相关部门负责人进行交流，查阅了相关文献资料。据此，向建始县政府提出了《关于建始县应对猕猴桃溃疡病的建议》，建议有几个紧急措施：①彻底清除重症植株；②积极治疗轻症植株；③普遍处理不明植株和长远安排，即尽快成立相关课题组，由扶贫部门或地方政府资助，专题开展建始县猕猴桃溃疡病综合防治技术的研究。

此后，华中农业大学安排标志性成果培育项目（自然科学类）专项课题“湖北省猕猴桃溃疡病发生状况及对策研究”，拟通过3年左右的田间调查和防控试验，完成建始县猕猴桃溃疡病防治成套实用技术的组装和有效药物的筛选，为华中农业大学定点支援建始县科教扶贫、产业扶贫和智力扶贫，发展现代农业，脱贫致富提供支撑，并出版读物1册。园艺林学学院组成了由果树系主任刘继红牵头，退休教师蔡礼鸿等具体执行的课题组。

课题组在调研的基础上，还向建始县政府提出了《关于建始县猕猴桃产业发展的建议》，并对《建始县猕猴桃产业扶贫规划》提出评审意见，在原则同意通过该规划的基础上，就相关问题提出以下建议：①如规划所述，“猕猴桃溃疡病曾在我县花坪境内大面积发生”，细菌性溃疡病是一种对猕猴桃产业极具威胁的危险性病害，据目前国内外研究结果，尚未发现对猕猴桃溃疡病具免疫功能的品种，且就抗病性而言，‘金魁’>‘海沃德’>‘金桃’>‘红阳’，即‘金魁’较少感病，而‘红阳’易于感病，故在未能对‘红阳’的溃疡病实现有效防控之前，建议暂停或减少‘红阳’的发展，增加‘金魁’的发展。②因猕猴桃根系为肉质根，主侧根少而须根发达，怕渍不耐旱，建议建园时推行起垄覆土栽培模式，土肥水管理中尽量避免在生长季伤根，尽可能采用滴灌或微喷灌等先进节水管道灌溉方式。③为便于统一落实规范栽培技术措施，建议新发展区域以种植大户为主，加强专业合作社建设。④在科技支撑体系建设方面，建议扶贫部门采取可行措施，加强与大专院校、科研院所的实质性合作，成立专项研究课题组或专项科技咨询专家组，提供相应平台，充分发挥有关专家学者的积极性。以上相关建议基本上已经或者正在由建始县政府或华中农业大学安排落实。

课题组成员多次到省内外进行猕猴桃专项调研，近三年每年1~2个月赴建始1次，常年深入到猕猴桃种植较为集中的花坪、长梁、红岩寺、三里、茅田、高坪、业州等乡镇实地考察建始猕猴桃产业现状。通过走村串户，下到田间地头、车间仓库，和当地技术人员、种植大户、企业家、合作社领导、基层干部等相互沟通，深入交流，取得了大量第一手资料。调研过程成为一个交朋结友的过程，在调研中结识了一批能吃苦耐劳、肯学习研究、热心公益、助人为乐的种植大户、技术能手、企业家、合作社领导、基层干部等优秀能人，如长梁的刘克胜、肖茂健、秦文庆，三里的周立贤，花坪的谢先才、冉邦社，红岩寺的阮宗华，业州的杨成奎，益寿果品的向绪铭、刘永彪，县直的李登朝、刘开坤、李才国等。他们在建始的猕猴桃栽培和经营的实践中获得了真知，摸索出一套较为适合建始地域特点的产品定位和栽培技术，然后通过理论联系实际，我们共同把对建始县猕猴桃的认识提升到新的高度。我们一起总结提炼建始猕猴桃产业走到今天，栽培和经营中成功发展的经验，共同反思分析失败挫折的教训，探讨适合建始猕猴桃产业发展的途径，形成一个共识，那就是在建始发展猕猴桃产业，栽培猕猴桃，不能走某些外省、外地片面追求规模、追求数量的老路，既不能采用北方种苹果树的方法，也不能用建始种松树的方法，更不能用山区种苞谷的方法，而必须走一条具有地方特色的发展之路，采用具有地方特色的栽培技术，生产具有地方特色的优质果品。我们建始猕猴桃，不与同行比数量，只与同行比质量，志在把建始猕猴桃建设成为中国有机猕猴桃第一品牌。“有机猕猴桃”，这就是建始猕猴桃的产业定位，也是建始猕猴桃的生命所在，希望所在，前途所在。此外，还到湖北省猕猴桃最大产区的咸宁市、赤壁市和崇阳县调研产业发展状况，与当地主要技术负责人进行了较为深入的交流。到河南省西峡县参加了第五届全国猕猴桃研讨会，与会期间，和国内外同行专家就猕猴桃产业发展，特别是溃疡病防控中存在的问题及对策，进行了有益的探讨。在上述工作的基础上，有针对性地对农业技术人员和种植大户开展全县集中或分散的田间技术培训。由于每次培训都做了充分准备，培训内容将国内外动态和最新技术与建始的地方实际紧密结合，学员既能了解到外面的情况，又能立足当地的实际，使实用技术落到实处，具有可操作性。每次讲课后还组织与学员交流互动，鼓励学员提出质疑、提出问题，大家在平等的氛围中，一起探讨，共同提高，为集中培训还精心准备了PPT，在课件中插入了大量近年在建始拍摄的彩色照片，新鲜出炉的实景照片，无论是丰收的喜悦，还是病虫的伤害，学员看后，都具有强烈的真实感、亲切感，培训反响较大，讲课也受到学员的普遍赞许，已被媒体数次报道。

课题组通过对建始县农业局土肥站和猕猴桃种植大户的调研，获取了大量信息，了解到全县土壤养分近30年的变化情况，即土壤酸化严重，有机质含量下降，土壤碱解氮有较大幅度提升，有效磷虽有提高但离猕猴桃需求尚有较大距离，速效钾含量极大幅度下降，有效钙、有效硼普遍处于缺乏状态等。据有关专家研究，猕猴桃溃疡病在磷、硼等供给不足的情况下易于发病，若能满足磷、硼的供给，可有效减轻甚至消除溃疡病的发生。根据建始县种植大户在猕猴桃培肥管理中存在的问题，即亩施肥量（千克）为N：P：K=12：5：8甚至13.4：3.0：3.5，存在氮过量而磷严重不足的现象。组织相关肥料专家研究建始县猕猴桃专用有机复合肥的配比并研制产品，先后多次到武汉市东西湖区武汉金铭生物科技有限公司和荆州市公安县湖北双港楚农有机肥料公司就专用肥问题进行考察调研和协商工作，得到了两家公司的大力支持，特别是金铭生物科技发展有限公司，还应邀专门为建始县定制了亩产1 000千克优质鲜果的施肥量（千克）为N：P：K=8：12：10（另增配Fe、Mg、Zn、B等）的猕猴桃专用有机复合肥3吨，并送到建始县，免费提供给种植大户试用，取得了较好的效果。

近三年，课题组主要做了以下几个方面的工作。(1) 深入一线调查研究。课题组成员多次赴建始，深入到猕猴桃种植较为集中的乡镇实地考察建始猕猴桃产业现状。通过和当地一些与猕猴桃产业有关的人员相互沟通，深入交流，形成共识。那就是在建始栽培猕猴桃，必须走一条具有地方特色的发展之路。需要满足不同消费层次的需求，采取差异性技术规范，生产具有地方特色的绿色优质猕猴桃（采用优质品种），或者仿野生有机猕猴桃（采用高抗丰产品种）。(2) 积极建言献策。在深入调查研究的基础上，提出必须走出以往的认识误区：误区一，野生猕猴桃长在高山，栽培需要上高山；误区二，野生猕猴桃长在野外，抗性优于栽培品种，宜用野生猕猴桃的种子培养砧木；误区三，猕猴桃怕干，需要深栽；误区四，猕猴桃根系分布深，需要深施有机肥；误区五，猕猴桃抗性强，不需要防病治虫；误区六，猕猴桃生长旺，需要经常性夏季修剪。需要根据猕猴桃的生物学特性和不同品种的特点，因地制宜地制定适合当地的技术规范。“顺应自然、科学合理，省工省力、轻简高效，安全健康，绿色环保”的种植理念得以推广。(3) 邀请专家指导。课题组先后邀请了新西兰奥克兰猕猴桃研究中心吴金虎，中国科学院武汉植物园钟彩虹，湖北省农科院果茶所陈庆红，肥料专家叶光明，病虫专家华红霞等国内外知名专家前往建始实地指导，他们就建始猕猴桃发展提出了许多中肯的建议，取得了较好的效果。(4) 针对性地对全县种植大户、重点乡镇和主要村组开展技术培训。三年累计较大规模的集中培训21次，参加者约1 800人次，田间现场培训30次以上，参加者800人次以上。提出一套简便易行的“傻瓜”技术，即：①建园定植（起垄覆土栽培、坐地苗嫁接建园）。②土肥水管理（适当间作、浅耕、微喷灌、N：P：K=4：6：5）。③整形修剪（单干上架、平顶大棚架）。④花果管理（配置授粉树、人工授粉）。⑤病虫防治（重点为溃疡病、根结线虫病、根腐病、藤肿病、褐斑病、叶蝉）。(5) 研制专用肥料。通过对县农业局土肥站和猕猴桃种植大户的调研，根据全县土壤养分近30年的变化情况，组织相关肥料专家研究建始县猕猴桃专用有机复合肥的配比并研制产品，专门为建始县定制了猕猴桃专用有机复合肥，免费提供给种植大户试用。连续两年采取叶片样本做了建始猕猴桃肥料试验叶片营养元素分析，并进一步调整配方，布置安排落实了二轮比较试验。(6) 猕猴桃溃疡病发生调查及防治技术研究。通过两年多深入扎实的细致工作，在当地相关人员的支持配合下，已基本摸清发病规律，并采取综合措施积极进行防治，药剂防治试验效果明显，进一步示范推广正在进行中。总结出防治猕猴桃溃疡病技术要点为：①选用抗病品种，如‘金魁’‘华特’。②采用起垄覆土栽培、坐地苗嫁接建园。③严格检疫，选用健壮无病毒苗木建园。④控制产量，合理负载，保持健壮树势。⑤重施有机肥，改善土壤理化性质，增施磷、钾肥，合理施用钙肥、硼肥，提高树体抵抗力。⑥严格清园消毒，降低病虫基数。⑦适时采用物理防治，发现枝梢有溃疡病斑时，及时剪除、刮除或纵划后涂药。⑧合理进行化学防治，以保护剂为基础，注意治疗剂和保护剂的配合施用。

近三年来，在华中农业大学有关部门的领导下，在建始县政府及其职能部门和有关单位的支持下，项目进展顺利，猕猴桃产区的种植户人心稳定，观念逐步更新，群众积极实施新技术，取得明显成效。项目成绩得到建始县人民政府、湖北省扶贫办公室的高度赞许，以该项目为重要内容之一的华中农业大学定点扶贫建始县工作受到国务院扶贫开发领导小组办公室表彰，华中农业大学新农村发展研究院获国务院扶贫办颁发的“定点扶贫先进集体”荣誉称号。

现由本人将近三年在建始的所见所闻、所感所悟和历次培训的课件加以梳理，并吸纳业内同仁相关论述的精华，适当增加若干内容，形成此书，以为有需求者提供一份参考资料。在建始猕猴桃项目的实施和本书的编写过程中，得到李忠云、邓秀新、陈兴荣、姚江林、向红林、唐青松、覃正炜、周继荣、陈久奎、向定群、何平、黄宏文、肖兴国、王仁才、吴金虎、钟彩虹、陈庆红、龚林忠、叶光明、关桓达、程运江、赵映年、杨道兵、李登朝、刘开坤、李才国、张祝清、向绪铭、刘永彪、周立贤、肖茂健、谢先才、刘克胜、秦文庆、阮宗华、张兴银、冉茂珍、易尚文、刘继红、华红霞、洪霓、杜鹃、何增明等诸位领导和朋友的大力支持和热情帮助，在此一并表示衷心的感谢。

在本书编写当中，本人始终强调把与产业发展相关联的生产性问题作为重点，特别强调实用新技术的研究与应用，并插入大量图片，力求使文稿图文并茂，文字通俗易懂，内容紧扣时代脉搏。在本书编写当中，本人尽最大的努力，请教有关专家，推敲构建系统框架，认真核实相关资料，仔细斟酌语言文字，经六易其稿，终于定稿上交。尽管如此，由于本书主要是针对建始县猕猴桃产业发展中出现的较为突出的问题提出的对策和建议，故在材料上有较大的局限性，加之本人能力水平有限，时间精力有限，恐有不少以偏概全甚至谬误之处，恳请各位读者批评指正。

蔡礼鸿
2016年2月于华中农业大学西苑